Deutsche Technikgeschichte
Vorträge vom 31. Historikertag am 24. September 1976 in Mannheim

Studien
zu Naturwissenschaft, Technik und Wirtschaft
im Neunzehnten Jahrhundert

Herausgegeben von
Wilhelm Treue

Band 9

Forschungsunternehmen „Neunzehntes Jahrhundert"
der Fritz Thyssen Stiftung

Deutsche Technikgeschichte

Vorträge vom 31. Historikertag am 24. September 1976
in Mannheim

Mit Beiträgen von

Kurt Düwell, Karl-Heinz Manegold, Lothar Burchardt
und Ulrich Troitzsch / Wolfhard Weber

Eingeleitet und herausgegeben von

Wilhelm Treue

GÖTTINGEN · VANDENHOECK & RUPRECHT · 1977

CIP-Kurztitelaufnahme der Deutschen Bibliothek

Deutsche Technikgeschichte : Vorträge vom 31. Historikertag am 24. September 1976 in Mannheim / mit Beitr. von Kurt Düwell ... Eingel. u. hrsg. von Wilhelm Treue. – Göttingen : Vandenhoeck & Ruprecht, 1977.
(Studien zu Naturwissenschaft, Technik und Wirtschaft im neunzehnten Jahrhundert ; Bd. 9)

ISBN 3-525-42208-3

NE: Düwell, Kurt [Mitarb.]; Treue, Wilhelm [Hrsg.];
Deutscher Historikertag ⟨31, 1976, Mannheim⟩

© Vandenhoeck & Ruprecht, Göttingen 1977. Printed in Germany. Ohne ausdrückliche Genehmigung des Verlages ist es nicht gestattet, das Buch oder Teile daraus auf foto- oder akustomechanischem Wege zu vervielfältigen. Satz: Carla Frohberg, Freigericht; Druck und Einband: Hubert & Co., Göttingen

Inhalt

Wilhelm Treue
Einleitung 7

Kurt Düwell
Die Technik des Industriezeitalters und die „allgemeine"
Geschichtswissenschaft 10

Karl-Heinz Manegold
Die Emanzipation der Technik und die deutschen Hochschulen im
19. Jahrhundert 29

Lothar Burchardt
Technischer Fortschritt und sozialer Wandel. Am Beispiel der
Taylorismus-Rezeption 52

Ulrich Troitzsch / Wolfhard Weber
Methodologische Überlegungen für eine künftige
Technikhistorie 99

Einleitung

von Wilhelm Treue

Die in diesem Bande veröffentlichten Referate wurden am 24. September 1976 beim 31. Historikertag in Mannheim vorgetragen und diskutiert. Sie bilden einerseits neue Forschungsergebnisse, stammen aber andererseits auch aus einer Tradition deutscher Technikgeschichtsschreibung, die über Matschoss sowie L. und Th. Beck bis zu Beckmann zurückreicht[1]. Die Frage nach der Bedeutung, dem Stellenwert der Technikgeschichte im Gesamtbereich der Geschichte ist zweifellos lange Zeit unterschätzt worden. Ein so prominenter Vertreter „moderner" Geschichtsschreibung wie H.-U. Wehler übergeht sie in seinen vielen „kritischen" sozialgeschichtlichen Veröffentlichungen auch noch in unserer Gegenwart[2]. Andererseits hat der von Wehler kürzlich heftig attackierte[3] Sozialhistoriker W. Conze 1972 „das Phänomen der Technik" als „Grundlage der Geschichte überhaupt", als „Grundlage für alles, was gemeinhin unter dem Begriff der Geschichte verstanden wird" bezeichnet[4]. Und die Tatsache, daß es auf dem von Conze geleiteten Historikertag in Mannheim 1976 eine Sektion Technikgeschichte gab (zum ersten Male wieder nach Freiburg im Jahre 1967) – und zwar eine sehr gut besuchte –, läßt erkennen, daß dieses Gebiet in der Bundesrepublik immer stärkere Beachtung findet.

Das gilt nicht allein für die Erforschung einzelner Faktenbereiche, also für die sogenannte engere Technikgeschichte, sondern auch für grundsätzliche und methodische Überlegungen. U. Troitzsch hat kürzlich über die „historische Funktion der Technik aus der Sicht der Geschichtswissenschaft", K. Borchardt schon vor einigen Jahren über „Technikgeschichte im Licht der Wirtschaftsgeschichte" und K.-H. Ludwig über „Technikgeschichte als Beitrag zur Strukturgeschichte" geschrieben, W. Rammert eine „Dokumentation und Evaluation zur Begründung einer sozialwissenschaftlichen Tech-

---

1 Georg Agricolas „De re metallica..." erscheint 1977 als Taschenbuch im Deutschen Taschenbuch-Verlag.
2 Dazu vergleiche meine Rezension der von Rürup und Hausen herausgegebenen „Modernen Technikgeschichte" in „Technikgeschichte", 1977.
3 H.-U. Wehler, in seiner Rezension des von H. Aubin und W. Zorn herausgegebenen „Handbuches der deutschen Wirtschafts- und Sozialgeschichte" in Frankfurter Allgemeine Zeitung, 1. März 1977.
4 Werner Conze 1972 in einem Vortrag beim Deutschen Verband technisch-wissenschaftlicher Vereine.

nikforschung" vorgelegt und P. Lundgreen einen „Report zum Verhältnis von Wissenschaft und Technik" mit acht Beiträgen veröffentlicht. Hinter solchen deutschen Studien blieb der von Rürup und Hausen herausgegebene Band „Moderne Technikgeschichte"[5] leider erheblich zurück. Hingewiesen sei schließlich ausdrücklich auf die jüngste deutsche Veröffentlichung von Rainer Stahlschmidt über „Quellen und Fragestellungen einer deutschen Technikgeschichte 1900—1945", die im Ausland nicht ihres Gleichen hat[6].

Diese und viele weitere deutsche Studien zur Technikgeschichte, die in Form von Tagungsberichten[7], in vielen Werkzeitschriften, in den bisher 49 Bänden „Dokumente aus Höchster-Archiven", den Schriften der Badischen Anilin- & Soda-Fabrik (BASF) sowie in den „Schriften des Werksarchivs der Henkel GmbH, Düsseldorf[8]", in lokal- und landesgeschichtlichen Zeitschriften, Lebensbildern usw. veröffentlicht worden sind, werden leider in der ausländischen Literatur nur selten berücksichtigt. Das liegt nicht daran, daß ihre Qualität unter derjenigen englischer, amerikanischer, französischer usw. Arbeiten liegt, sondern an der Bequemlichkeit der ausländischen Forscher, welche die deutschsprachige Literatur nur noch gelegentlich und damit zufällig zur Kenntnis nehmen.

Die verständnislose Behandlung der Technikgeschichte durch die meisten Kultusministerien der bundesdeutschen Länder, insbesondere durch das Kultusministerium des Landes Niedersachsen (dessen Verhalten allerdings durch die Ausschreibungspolitik einer Berufungskommission an der TU Hannover überhaupt erst ermöglicht und geradezu herausgefordert wurde) sowie die Schwäche des Interesses der Ingenieure an der engeren ebenso wie an der weiteren Geschichte ihres eigenen Standes und seiner Leistungen im Rahmen der gesamten Gesellschaftsgeschichte erschwert den Technikhistorikern entschieden ihre Arbeit und läßt Jüngeren, die an ihre berufliche Zukunft denken müssen, die Beschäftigung mit technikgeschichtlichen Problemen leider nur selten reizvoll erscheinen. Auch in solchen Zusammenhängen ist es zu begrüßen, daß über die Aktivität des Vereins deutscher Ingenieure und über die Möglichkeiten der Georg Agricola-Gesellschaft zur Förderung der Geschichte der Naturwissenschaften und der

---

5 Vgl. Anmerkung 2.
6 Band 8 dieser Reihe, Göttingen, 1977; vgl. auch neuerdings das Kapitel „Technik in Wirtschaft und Gesellschaft 1800—1970" von Wilhelm Treue im zweiten Band des oben genannten von Aubin und Zorn herausgegebenen „Handbuches der Deutschen Wirtschafts- und Sozialgeschichte", Stuttgart 1976.
7 Z. B. Wilhelm Treue und Kurt Mauel (Hrsg.) „Naturwissenschaft, Technik und Wirtschaft im 19. Jahrhundert"' acht Gespräche der Georg-Agricola-Gesellschaft zur Förderung der Geschichte der Naturwissenschaften und der Technik, 2 Bände, Göttingen 1976.
8 Vgl. meine Rezension mit Angabe aller 66 Titel in „Technikgeschichte", 1977.

Technik hinaus der Verband der Historiker Deutschlands sich, wie die Tagung in Mannheim beweist, neuerdings stärker der Geschichte der Naturwissenschaften und der Technik zuwendet, die Fritz Thyssen Stiftung die Publikationsreihe geschaffen hat, in welcher der hier vorgelegte Band erscheint, und die Stiftung Volkswagenwerk künftig technikgeschichtliche Arbeiten stärker fördern wird als bisher.

Die Technik des Industriezeitalters und die „allgemeine" Geschichtswissenschaft

von Kurt Düwell

Die seit dem Ende des 18. Jahrhunderts einsetzende Industrialisierung Europas hat einen neuen Begriff von Technik heraufgeführt, der nicht mehr ohne weiteres mit dem aristotelischen Begriff gleichzusetzen ist. Der wohl entscheidende Unterschied betrifft die umfassende Veränderung fast aller menschlichen Tätigkeitsbereiche, vor allem den sozialen Wandel, den die Technik der Industrialisierung bewirkte[1]. So war die Technik des Industriezeitalters — gemessen an den artes mechanicae und technicae des Mittelalters[2] und der gewerblichen Techniktradition der frühen Neuzeit — ein Novum.

Rein äußerlich betrachtet fiel dieses Neue zwar zeitlich mit der Emanzipation der Geschichtswissenschaft im modernen methodologischen Sinne zusammen, etwa in ihrer prinzipiellen und akademischen Verselbständigung aus den Verbindungen mit der Rhetorik, dem Staatsrecht oder anderen Disziplinen am Ende des 18. Jahrhunderts. Aber die Entfaltung dieser

---

[1] Hans Lenk, S. Moser (Hg.), Techne — Technik — Technologie. Philosophische Perspektiven, Opladen 1973. — Der Aspekt des durch Technik bedingten sozialen Wandels — zuerst in Amerika 1922 von William F. Ogburn als These vertreten — wurde nach dem letzten Weltkrieg in Deutschland aufgegriffen von Werner Conze, Die Strukturgeschichte des technisch-industriellen Zeitalters als Aufgabe für Forschung und Lehre, Köln/Opladen 1957. Die hier im wesentlichen beginnende deutsche Auseinandersetzung mit der amerikanischen Literatur hält bis jetzt an. Es kann an dieser Stelle nur auf einige der seither, bes. in den USA und England, erschienenen neueren Arbeiten hingewiesen werden: N. J. Smelser, Social Change in the Industrial Revolution, London 1959. — F. R. Allen, Technology and Social Change: Current Status and Outlook, in: Technology and Culture 1, 1960, S. 48–59. — E. E. Hagen, On the Theory of Social Change: How Economic Growth Begins, Homewood/Ill. 1962. — Eli Ginzberg (Hg.), Technology and Social Change, New York/London 1964. — R. Nisbet (Hg.), Social Change, Oxford 1962. — N. de Nevers (Hg.), Technology and Society, Reading/Mass. 1972. Vgl. jetzt auch Wilhelm Treue, Die Technik in Wirtschaft und Gesellschaft 1800–1970, in: H. Aubin und W. Zorn (Hg.), Handbuch der deutschen Wirtschafts- und Sozialgeschichte, Bd. 2, Stuttgart 1976, S. 51–121.

[2] Vgl. Bertrand Gille, Les développements technologiques en Europe de 1100 à 1400, in: Cahiers d'histoire mondiale 3, 1956, S. 63–108. — Peter Sternagel, Die artes mechanicae im Mittelalter, Kallmünz/Oberpf. 1966. — L. White jr., Die mittelalterliche Technik und der Wandel der Gesellschaft, München 1968.

modernen historischen Forschung und Methodologie seit dem Ende des 18. Jahrhunderts hat sich doch zunächst — von wenigen Ansätzen und Ausnahmen abgesehen — weitgehend unter einer Abkehr vom zeitgenössischen Vorgang der Industrialisierung vollzogen. Die Technik des Industrialisierungszeitalters gelangte dieser neuen quellenkritischen Geschichtswissenschaft als epochaler Gegenstand zunächst wohl vor allem deshalb nicht in den Blick, weil sie eine Tochter eben desselben Zeitalters war. Die historische Schule des Göttinger Seminars vom Ende des 18. Jahrhunderts oder die Blickrichtung Heerens, Niebuhrs und Rankes waren auf zurückliegende Epochen gerichtet, so daß die durch die industrielle Technik der eigenen Zeit und ihren Wandel bedingte wirtschaftliche und gesellschaftliche Veränderung erst später und von anderen Historikern zum Gegenstand geschichtswissenschaftlicher Betrachtung gemacht wurde. Die Frage, ob das nicht schon früher hätte geschehen können, ist schwerlich zu beantworten. Es ist aber von Wichtigkeit festzustellen, daß die anfängliche Verengung der Geschichtswissenschaft auf die traditionellen Themen von Herrschaft, Staat und Recht als einzige oder doch dominierende Gegenstände nicht von Dauer geblieben ist, sondern seit den siebziger Jahren des 19. Jahrhunderts schon eine erste Ergänzung durch die neu ins Blickfeld tretenden Themen Gesellschaft und Wirtschaft erhalten hat. Doch konnte dabei von einer eigentlichen Integration dieser Disziplinen in die Geschichtswissenschaft als Ganzes zunächst noch nicht gesprochen werden.

Die seit dem Methodenstreit zwischen Schäfer, Lamprecht u. a. am Ende der achtziger Jahre üblich gewordene Bezeichnung einer „allgemeinen" Geschichtswissenschaft ist ein Beleg für die explizite Problematisierung eines Gegenübers von „allgemeiner" Geschichtswissenschaft und einzelnen Spezialdisziplinen, die heute oft auch als „Teilgebiete" bezeichnet werden. In diesem Sinne wird heute meist — und das ist eine bemerkenswerte Veränderung — auch die Technikgeschichte als Teilgebiet der Historie angesehen. Dennoch ist die Frage, ob diese Einteilung der Geschichtswissenschaft in eine „allgemeine" Historie und verschiedene spezielle Disziplinen, die als regulative Vorstellung legitim sein kann, angesichts der tatsächlichen Bedeutung der Wirtschafts-, der Sozial- oder auch der Technikgeschichte sinnvoll ist. Allerdings: selbst Technikhistoriker gebrauchen natürlich den Begriff „allgemeine" Geschichtswissenschaft, freilich mit einer oft polemischen Spitze. So spricht z. B. der amerikanische Wissenschafts- und Technikhistoriker George H. Daniels von den (amerikanischen) „Allgemeinhistorikern" („common historian"), die sich nur selten mit der Geschichte der Technik befaßten[3]. In der jüngst von Karin Hausen und

---

3 George H. Daniels, The Big Questions in the History of American Technology, in: Technology and Culture 11, 1970, S. 1—21. Vgl. auch die deutsche Übersetzung von Hans Ebert und Karin Hausen, in: Karin Hausen und Reinhard Rürup (Hg.), Moderne Technikgeschichte, Köln 1975, S. 49.

Reinhard Rürup vorgelegten technikgeschichtlichen Anthologie wird es als Ziel dieser verdienstlichen Edition bezeichnet, „die dringend notwendige, aber gerade in Deutschland noch kaum in Angriff genommene Integration der Technikgeschichte in Forschung und Lehre der allgemeinen Geschichtswissenschaft voranzutreiben". Was ist aber die „allgemeine" Geschichtswissenschaft, und was heißt es, die Technikgeschichte für die Zeit seit dem Ende des 18. Jahrhunderts zu einem integralen Bestandteil der „allgemeinen" Geschichtswissenschaft zu machen?

In einer Zeit weitreichender Spezialisierung der Wissenschaften und Berufe wird möglicherweise die Frage nach dem Verhältnis und dem Beitrag einzelner Wissenschafts- und Tätigkeitsbereiche und ihrer Geschichte zur „allgemeinen" Historie eine wichtige Motivation sein sowohl für die Beschäftigung mit Geschichte überhaupt als auch für die Beschäftigung mit dem betreffenden speziellen Fach und seiner jeweils eigenen Geschichte. Zu Recht weisen z. B. Kirn und Leuschner in ihrer „Einführung in die Geschichtswissenschaft" auf den hier zugrunde liegenden Zusammenhang hin, wenn sie schreiben: Jede Unterweisung in einem Sonderfach greife auf die Geschichte dieses Faches zurück. Ein Unterricht in Elektrizitätslehre gehe nicht vorüber an den Entdeckungen von Galvani, Volta und Franklin. Niemand erörtere die Lehre vom freien Fall, ohne Galilei zu erwähnen, und schon an einer ziemlich frühen Stelle seines Ausbildungsweges begegne der Schüler in der Geometrie der Gestalt des Pythagoras usw.

Auf die Frage, warum denn eine solche allgemeine Geschichtswissenschaft nicht zu entbehren sei, lautet die Antwort bei Kirn und Leuschner: Sie sei es schon darum nicht, weil sie bei ihren Untersuchungen eine andere Blickrichtung innehalte als die „geschichtlich arbeitenden Spezialwissenschaften": „Der heutige Jurist, Bildhauer oder Praktiker des Verkehrslebens fragt: Was hat das Recht, die Bildhauerkunst, das Verkehrswesen für eine Vergangenheit? Der allgemeine Historiker dagegen fragt: Was hatte die Vergangenheit für ein Recht, was für eine Bildhauerkunst, wie sah ihr Verkehrswesen aus?" Das Gesamtbild einer bestimmten Zeitperiode werde aus den Bemühungen „jener geschichtlichen Gelegenheitsarbeiter" nie entstehen, das Verbindende zwischen den Äußerungen des Zeitgeistes auf den verschiedenen Lebensgebieten nicht sichtbar hervortreten ...[4]

Aus diesen in einer „Einführung" zwangsläufig etwas vereinfachenden Sätzen wird eine Auffassung deutlich, die für das Verhältnis des „allgemeinen" Historikers zu den übrigen Wissenschaften immer noch sehr bestimmend ist. Die hier genannte „andere Blickrichtung" die dem „allgemeinen" Historiker innezuhalten empfohlen wird, hat — so richtig sie als

---

4 Paul Kirn/Joachim Leuschner, Einführung in die Geschichtswissenschaft, Berlin ⁵1968, S. 4 f.

regulativer Grundsatz sein kann — oft dazu geführt, daß er die wesentlichen Ergebnisse der „geschichtlich arbeitenden Spezialwissenschaften" gar nicht erst wahrgenommen hat. Welche Bedeutung z. B. — es ist ein willkürliches Beispiel — die Erfindung des Portlandzements in den Jahren 1813 bis 1819 (Aspdin, Vicat, John) für den Bau der ersten Betonstraße in England 1827—29 (Hobson und Mac Neill) gehabt hat; wie sehr diese Erfindung 1844 durch das von Johnson entwickelte neue Portlandzement-Herstellungsverfahren wieder eine wichtige Voraussetzung für die 1865 von Monier begründete Stahlbetonbauweise darstellt — dies alles sind Zusammenhänge, die der „allgemeine" Historiker natürlich nur mit Blick auf eben jene „geschichtlich arbeitenden Spezialwissenschaften" wahrnehmen kann und ohne die er beispielsweise das Erscheinungsbild unserer heutigen Großstädte, z. T. auch ihre sozialen Implikationen, kaum verstehen wird. Das gilt natürlich auch für die außerstädtische Infrastruktur und das Verkehrswesen. Das bekannteste Beispiel für diesen Zusammenhang ist zweifellos die Geschichte der Dampfmaschine. Aber sogar hier gilt, so erstaunlich sich das anhören mag, daß der Prozeß ihrer Durchsetzung auch heute noch in wichtigen Schritten von der allgemeinen Geschichtswissenschaft nicht registriert und nicht in den historischen Gesamtzusammenhang integriert worden ist. Niemand wird zur Rechtfertigung dieses Versäumnisses noch ernsthaft den obsolet gewordenen Begriffsgegensatz von Kultur und Zivilisation bemühen wollen.

Die sicher z. T. berechtigte „andere Blickrichtung" des „allgemeinen" Historikers darf aber nicht dazu führen, den Kontakt zu den historischen Teildisziplinen und zu den einzelnen Fachgeschichten aus dem Auge zu verlieren. Dies gilt für das Verhältnis der „allgemeinen" Geschichte, wenn man denn an diesem Begriff festhalten will, zur Wirtschafts- und Sozialgeschichte ebenso wie für die zu intensivierenden Beziehungen zur Wissenschafts- und Technikgeschichte, von denen besonders die letztere in den Lehrplänen unseres Bildungswesens nur ein Schattendasein fristet, wenn man von den ersten, teilweise erfolgreichen gegenwärtigen Versuchen einmal absieht, Technik als Schulfach in den Hauptschulen einzuführen. Das könnte allerdings auch für die Technikgeschichte eine stärkere Berücksichtigung bedeuten.[5]

Seit dem Sieg des Historismus in der deutschen Geschichtswissenschaft des 19. Jahrhunderts war es auffällig, daß z. B. die Ur- und Frühgeschichte in viel stärkerem Maße die Wirtschaftstechniken und technischen Arbeitsweisen berücksichtigte als es die „allgemeine" Geschichtswissenschaft des Mit-

---

5 VDI-Tagung „Technik als Schulfach" vom 9. bis 11. Juni 1976. Vgl. Kulturbrief (hrsg. von Inter Nationes) 6, Heft 8, 1976, S. 18 f. Danach bereiteten an 35 Pädagogischen Hochschulen 150 Professoren die künftigen Grund- und Hauptschullehrer auf das Fach Technik vor.

telalters und der neueren Zeit tat. Das hing nicht nur mit der objektiv anderen Quellenlage zusammen, sondern auch damit, daß für Ranke und Droysen die weltgeschichtliche Bedeutung der modernen Technik noch nicht so klar erkennbar war wie für die Generation der jüngeren Historiker um 1900. Außerdem lag die Kenntnis der grundlegenden naturwissenschaftlichen Gesetzmäßigkeiten und technischen Erfindungen nicht im Rahmen des Verständnisses der klassischen und neuhumanistischen Bildung, aus der die Geschichtsschreibung des 19. Jahrhunderts hervorgegangen war. Dadurch wurden zweifellos Ansätze aus der Aufklärungsepoche verschüttet. Erst die sozusagen sozial- und wirtschaftsgeschichtliche „Bewegung" der siebziger und achtziger Jahre des vorigen Jahrhunderts hat auch der Geschichte der Naturwissenschaft und der Technik den Boden mit bereiten helfen und beide großen Bereiche in das Bewußtsein der „allgemeinen" Geschichtswissenschaft gehoben. Sowohl für die Wirtschaftsgeschichte als auch für die Technikgeschichte war es dabei ein wichtiges auslösendes Moment, daß der Vorgang der Industrialisierung allmählich als ein epochales Ereignis erkannt wurde und daß in dem Augenblick, wo noch die ersten Monumente der Industrialisierung erhalten, die Entdecker und Erfinder dieser Phase noch am Leben waren, es nicht an Geschichtsschreibern gefehlt hat, die die Gunst dieses letzten Augenblicks nutzen wollten. Es war, wenn man einen freien und vielleicht etwas kühnen Vergleich anstellen darf, die Situation eines Livius, der in einem Augenblick, da die Quellen und das Bewußtsein der älteren Geschichte Roms verloren zu gehen drohten, diese Geschichte zu schreiben unternahm. Er tat es bekanntlich nicht nach den Erwartungen und Wünschen der modernen Geschichtswissenschaft. Doch immerhin: er tat es. Nur gab es für die Technikhistoriker des späten 19. Jahrhunderts gleichsam keinen Augustus, der diese Geschichte zu schreiben befohlen hätte. Aber immerhin wurden bald die preußischen Patentakten und die Akten der Technischen Deputation im Geheimen Preußischen Staatsarchiv neu entdeckt und ausgewertet. Die „allgemeine" Geschichtswissenschaft und z. T. auch die Wirtschaftsgeschichte sahen sich bald in zunehmendem Maße mit Arbeiten aus der Geschichte der Naturwissenschaften und der Technik konfrontiert. Doch ist dabei rückblickend festzustellen, daß es etwa von Johann Heinrich Moritz Poppes grundlegender dreibändiger „Geschichte der Technologie" von 1807, die noch in einer gewissen kameralistischen Tradition stand, bis zu den nächsten industriell-technikgeschichtlichen Darstellungen nicht nur in Deutschland noch über fünf Jahrzehnte bedurfte. Auch nach Poppes erstmals 1837 erschienener „Geschichte aller Erfindungen und Entdeckungen im Bereich der Gewerbe, Künste und Wissenschaften von der frühesten Zeit bis auf unsere Tage" folgte zunächst trotz weiter voranschreitender Industrialisierung keine technikgeschichtliche Darstellung.[6]
Erst Samuel Smiles, der englische Biograph der Erfinder aus den Anfängen

der Industriellen Revolution, ist dann 1861/62 mit seinen „Lives of the Engineers" (3 Bde.) hervorgetreten und hat 1863 seine „Industrial Biography – Iron and Tool-Makers" folgen lassen. In Deutschland erschien 1872 von Karl Karmarsch die „Geschichte der Technologie seit der Mitte des 18. Jahrhunderts", die in gewisser Weise den Beginn einer neuen historiographischen Gattung bildet. Zwar war die Geschichte des Faches, etwa in Moritz Rühlmanns „Allgemeiner Maschinenlehre" (1862 ff.), eher nur am Rande behandelt worden. In den achtziger Jahren kam es dann zu einer ersten breiteren naturwissenschafts- und technikgeschichtlichen Literatur. Einige Punkte auf der Zeitachse seien genannt: 1882 legte Ferdinand Rosenberger den ersten Teil seiner dreibändigen „Geschichte der Physik" vor. 1884 erschien der erste Teil der großangelegten „Geschichte des Eisens" von Ludwig Beck, die bis 1903 auf fünf Bände erweitert wurde. Sein Bruder Theodor Beck hielt seit 1886 an der Technischen Hochschule Darmstadt seine maschinenbaugeschichtlichen Vorlesungen, die dann 1899 auch als Buch erschienen („Beiträge zur Geschichte des Maschinenbaues"). 1889 begann Wilhelm Ostwald mit der Edition der „Klassiker der exakten Naturwissenschaften" und veröffentlichte 1894 sein Buch „Elektrochemie – Ihre Geschichte und Lehre". 1896 erschien von Werner Sombart das Buch „Sozialismus und soziale Bewegung im 19. Jahrhundert", das, ähnlich wie Sombarts später (1903) veröffentlichte „Deutsche Volkswirtschaft im 19. Jahrhundert", auch reichhaltige Ausführungen über die Geschichte der Technik umfaßte. Das Gleiche galt auch für den 1903 erschienenen Ergänzungsband zur „Deutschen Geschichte" von Karl Lamprecht, wodurch dieser Historiker der erste der „allgemeinen Zunft" war, der innerhalb einer generellen Geschichte auch der Technik einen festen Platz zugewiesen hat.

Hier ist nicht der Ort Daten auszubreiten. Es ist aber deutlich, daß die Zahl der Darstellungen und Vorarbeiten zur Geschichte der Naturwissenschaften und der Technik nach der Jahrhundertwende immer stärker zunahm. Dafür zum Schluß dieser Übersicht nur wenige Beispiele: 1900 begann Franz Maria Feldhaus mit der Anlage seiner umfangreichen Datenkartei zur Technikgeschichte. 1901 gründete der Arzt und Paracelsus-Forscher Karl Sudhoff die „Deutsche Gesellschaft für Geschichte der Medizin und der Naturwissenschaften", die sich später auch der Erforschung der Technikgeschichte annahm und die Geschichte der Technik schließlich mit in ihren Namen aufnahm. Die Gründung des Deutschen Museums 1903 durch Oskar von Miller in München, des Museums für Meereskunde in Berlin um 1905 durch Ferdinand von Richthofen und 1906 die Grün-

---

6 Vgl. auch Ulrich Troitzsch, Zu den Anfängen der deutschen Technikgeschichtsschreibung um die Wende vom 18. zum 19. Jahrhundert, in: Technikgeschichte 40, 1973, S. 33–57.

dung des Berliner Verkehrs- und Baumuseums waren weitere wichtige Stationen, die nun auch zu weiteren institutionellen Maßnahmen führten, von denen die Gründung eines ersten Lehrstuhls für Geschichte der Technik 1909 an der Technischen Hochschule in Charlottenburg besonders zu erwähnen wäre. Ihn erhielt Conrad Matschoß, der auch im gleichen Jahre als Herausgeber mit der Edition des vom Verein Deutscher Ingenieure begründeten Jahrbuchs „Beiträge zur Geschichte der Technik und Industrie" begann. Sein 1908 erschienenes zweibändiges Werk „Die Entwicklung der Dampfmaschine" hatte ihn schon vorher über die Grenzen Deutschlands hinaus bekannt gemacht.[7] Neben den „Beiträgen" des VDI wären besonders noch das seit 1909 in Leipzig erschienene „Archiv für die Geschichte der Naturwissenschaften und der Technik" (bis 1931 dreizehn Bände) und die „Geschichtsblätter für Technik" (begr. 1914) zu erwähnen.

Besonders auf dem Gebiet der Stahlerzeugung waren seit der Mitte des 19. Jahrhunderts durch die wichtigen Erfindungen von Bessemer und Thomas und durch die Entwicklung des Siemens-Martin-Verfahrens grundlegende Neuerungen eingetreten, die hier nur überblicksweise kurz in Erinnerung gebracht seien, weil sie als Beispiele stellvertretend für andere Technikbereiche genannt werden können, die die Technikgeschichtsschreibung angeregt haben. Es ist auch interessant, die Begründung der technikgeschichtlichen Forschung im Bereich Stahl und Eisen einmal in Zusammenhang mit der Entwicklung der Hüttentechnik zu betrachten:

Der Engländer Henry Bessemer hatte 1855 bekanntlich das Problem, einen flüssigen Stahl zu erzeugen, dadurch gelöst, daß er das flüssige Roheisen durch Einblasen von Luft, das sog. Windfrischen, von seinen Verunreinigungen, die dabei verbrannten und als Schlacke aufschwemmten, befreite. Dadurch war aber neben anderen Vorgängen nun endlich auch die Verarbeitung von Schrott, der bis dahin auf sehr unrentable Weise noch im Hochofen eingeschmolzen werden mußte, durch ein wirtschaftlicheres Verfahren möglich geworden. Die Verarbeitung von Eisenschrott wurde dann aber seit 1864 immer stärker durch ein Verfahren geleistet, das der französische Hüttenmann Pierre Emile Martin in den fünfziger Jahren entwickelt hatte und das er zusammen mit Wilhelm Siemens, dem Bruder von Werner Siemens, und durch die von einem dritten Siemensbruder, Friedrich, 1856 erfundene Regenerativfeuerung derart verbessern konnte, daß dieses Siemens-Martin-Verfahren schon vor dem Ersten Weltkrieg die Stahlerzeugung nach dem Thomasverfahren bei weitem übertraf und sein Anteil immer weiter wuchs. Schien damit zugleich auch das Problem der Nutzung des hochwertigen Rohstoffes „Alteisen" gelöst, so gelang es dem Engländer Sidney Thomas 1879 zusammen mit seinem Vetter Gilchrist,

---

[7] Wilhelm Treue, Conrad Matschoß 100 Jahre. In: Technikgeschichte 38, 1971, S. 87—92.

das Bessemer-Verfahren für die Verarbeitung phosphorhaltigen Eisens noch brauchbarer zu machen, indem er das „saure" Futter der „Bessemer-Birne" durch ein basisches, nämlich Dolomit, ersetzte.

Das waren in groben Zügen die Verbesserungen auf dem Gebiet der Stahlerzeugung gewesen, die um 1880 in den Grundlinien als vorerst abgeschlossen betrachtet werden konnten. Sie erwiesen sich im wesentlichen als von zwei Generationen von Hüttenleuten herbeigeführt. Bessemer war 1813, Wilhelm Siemens 1823, Martin 1824 und Thomas 1850 geboren. Aber schon 1886 lebten von ihnen nur noch Bessemer und Martin. Der Zeitpunkt, zu dem Ludwig Beck am Beginn der achtziger Jahre an seiner „Geschichte des Eisens" schrieb, lag also schon in einiger Distanz zu jenen Leistungen der Schrittmacher. Außerdem schien, wie schon erwähnt, das Gefühl, daß man die letzten Zeugen und Pioniere dieser Entwicklung noch befragen konnte und mußte, durchaus vorhanden.[8] Als Bessemer 1898 starb, erinnerte man sich auch Pierre Martins wieder und fand, daß er inzwischen in hohem Alter, in Armut und Vergessenheit noch lebte. Die Eisen- und Stahlindustrie, die sich bald unter der Leitung Ludwig Becks und des Geschichtsausschusses (gegr. 1913) im Verein Deutscher Eisenhüttenleute sehr um die Aufarbeitung ihrer Fachgeschichte bemühte, ehrte Martin mit einer Dotation, die der betagte Pionier einige Jahre bis zu seinem Tode im Alter von fast einundneunzig Jahren 1915 noch genießen konnte. Die historische Aufarbeitung setzte hier also zu einem Zeitpunkt ein, als die Pioniere gerade noch befragt werden konnten.

Bei einem Überblick über die ersten Technikhistoriker der Industrialisierung in diesen Jahrzehnten fällt auf, daß keiner von ihnen das war, was man einen „allgemeinen" Historiker nennen könnte, ja sie waren im Sinne der „Zunft" überhaupt keine Historiker. Samuel Smiles war Arzt, und Arnold Toynbee d. Ä., dessen erste Vorlesugen über die industrielle Revolution 1884 veröffentlicht wurden, war der Sozialreformer der Settlementbewegung, dessen Vorlesungen mehr für die Arbeiterbevölkerung von Whitechapel gedacht waren, weniger für eine akademische Zuhörerschaft. Karl Karmarsch war Professor für Technologie in Hannover gewesen, Ferdinand Rosenberger Physiker, die Brüder Beck waren Unternehmer, von denen Ludwig Beck eine Hütte in Biebrich am Rhein betrieb. Wilhelm Ostwald war Chemiker, Karl Sudhoff Arzt, und auch Franz Maria Feldhaus war kein ausgebildeter Historiker. Selbst Conrad Matschoß hat kein regelrechtes historisches Universitätsstudium absolviert. Umso wichtiger muß es erscheinen, daß neben Werner Sombart, der von der Nationalökonomie und von der Wirtschaftsgeschichte herkam, sich Karl Lamprecht als erster „allgemeiner" Historiker mit den Ergebnissen dieser neuen Art Ge-

---

8 Dies war speziell für Ludwig Beck ein wichtiges Argument.

schichtsschreibung vertraut machte und ihre Ergebnisse in seine „Deutsche Geschichte" 1903 noch einzubringen versuchte.

Es scheint, daß auf seiten der „allgemeinen" Fachgenossen neben der Fremdheit des Gegenstandes lange Zeit auch ein — zunächst verständlicher — quellenkritischer Vorbehalt bestand, die Industrialisierung überhaupt aus so „kurzer" zeitlicher Entfernung zu beschreiben. Dem trat aber der Charlottenburger Professor für Maschinenbau Alois Riedler schon um 1900 entgegen, als er versuchte, eine Biographie des älteren Rathenau zu entwerfen. Riedler meinte, daß der Historiker der Technik keinen so großen zeitlichen Abstand zu seinem Gegenstand benötige wie der „politische" Historiker, weil die Folgen der technischen Erfindungen für die Fachleute schon sehr bald offenkundig seien und sie damit eine historische Darstellung schon rechtfertigten. Doch blieben die Historiker der „allgemeinen" Geschichtswissenschaft immer noch reserviert. Sieht man von Sombart ab, so nahm sich also vorerst nur Lamprecht dieser Gegenstände an. Die grundlegenden Arbeiten von Matschoß und Feldhaus wurden dagegen von der gleichsam „gemeinen" Historikerschaft lange Zeit kaum zur Kenntnis genommen.

Es waren hier aber wichtige Ansätze entstanden, die dann etwa dreißig Jahre später bei Franz Schnabel zu einer wirklich meisterlichen technikgeschichtlichen Darstellung der Industrialisierung und ihrer sozialgeschichtlichen Implikationen geführt haben. Der dritte Band von Schnabels „Deutscher Geschichte im 19. Jahrhundert", der den Titel „Erfahrungswissenschaften und Technik" trägt und erstmals 1934 erschien, war eine ansehnliche Leistung; denn sie faßte nicht nur eine bereits vorhandene Spezialliteratur souverän zusammen, sondern ordnete die Technik des 19. Jahrhunderts einer geistigen Bewegung zu, die Schnabel als Ausdruck der Verfassungsbewegung und des Liberalismus des Bürgertums in ihren politischen, sozialen und wirtschaftlich-technologischen Voraussetzungen und Einzelheiten ziemlich genau beschrieb, auch darstellerisch eindrucksvoll von der zeitgenössischen bürgerlich-liberalen Forderung nach „Konstitution und Maschine" her interpretierte und allgemein historisch-politisch einzuordnen versuchte.[9] Das mag heute im einzelnen anfechtbar sein. Aber mit sehr viel Einfühlungsvermögen hat es Schnabel vermocht, die für den Vorgang der Industrialisierung so charakteristische Beschleunigung des

9 Schnabel hat diese Sicht später noch ergänzt in seiner Schrift: Der Aufstieg der modernen Technik aus dem Geiste der abendländischen Völker, Köln 1951. Bei seiner Darstellung von 1934 ist allerdings zu berücksichtigen, daß sich Schnabel außer auf die Arbeiten von Sombart und Lamprecht u. a. gerade auch auf weitere inzwischen erschienene wirtschaftsgeschichtliche und -theoretische Untersuchungen stützen konnte: Friedrich von Gottl-Ottlilienfeld, Wirtschaft und Technik (zuerst erschienen 1914), Berlin ²1923 und Walter Georg Waffenschmidt, Technik und Wirtschaft, Jena 1928.

technischen wie auch des sozialen Prozesses prägnant zusammenzufassen. Diese Zusammenhänge sind aus der Darstellung Schnabels inzwischen bis in unsere Schulbücher durchgedrungen. Es hat aber dazu fast dreier Jahrzehnte bedurft.

Die weitere Entwicklung der Technikgeschichtsforschung, die nach Schnabels außerordentlicher Leistung fast zwei Jahrzehnte — in Deutschland vielleicht auch bedingt durch die NS-Herrschaft — nichts Außergewöhnliches hervorbrachte, braucht hier nur skizziert zu werden, um dann die für die „allgemeine" Geschichtswissenschaft wesentlichen neueren Fragestellungen dieser Disziplin vorläufig zusammenfassend zu betrachten:

Schon Ende der zwanziger Jahre hatte — worauf vor kurzem Reinhard Rürup nochmals hingewiesen hat[10] — auch die Sowjetunion Anstrengungen gemacht, ein Forschungsinstitut für Fragen der Technikgeschichte einzurichten, das der Leningrader Akademie der Wissenschaften zugeordnet und der Leitung Bucharins unterstellt wurde. Aber die sog. Säuberungen der dreißiger Jahre, von denen auch Bucharin betroffen wurde, ließen diese Ansätze wieder verkümmern. Rürup hat in der Festschrift für Hans Herzfeld 1972 aufgewiesen, daß der marxistischen Technikgeschichte eine wichtige Funktion bei der beschleunigten Ausbildung politisch und ideologisch „zuverlässiger" technischer Kader in der Sowjetunion zugedacht war. Diese Bemühungen führten aber erst nach dem Zweiten Weltkrieg in der Sowjetunion und auch in der DDR zu neuen Versuchen ähnlicher Art. So wurde 1957 im Rahmen der Ostberliner Akademie der Wissenschaften ein Arbeitskreis „Geschichte der Produktivkräfte" eingerichtet, der aber wohl nicht die erwartete Förderung erhalten hat.[11] Dabei scheint auch ein theoretisches Problem der marxistischen Ökonomie eine Rolle gespielt zu haben, nämlich die Frage, wie der Begriff der Produktivkraft im Hinblick gerade auf die Technik zu umgrenzen sei; denn der Terminus konnte nicht nur auf Maschinen bezogen werden, sondern mußte nach Marx auch die menschliche Arbeitskraft und die technische Fertigkeit des Menschen mit einschließen. Hierüber scheint es Kontroversen gegeben zu haben, die z. T. noch heute in der sozialistischen Technikgeschichtsschreibung nachwirken. Allerdings muß hierbei auch auf ein Problem hingewiesen werden, das ebenso in der Technikgeschichtsschreibung des Westens eine immer größere Bedeutung gewinnt: es fehlt noch weitgehend an einer konkreten Geschichte der menschlichen Arbeit, besonders an einer genauen Beschrei-

---

10 Reinhard Rürup, Die Geschichtswissenschaft und die moderne Technik. Bemerkungen zur Entwicklung und Problematik der technikgeschichtlichen Forschung. In: Aus Theorie und Praxis der Geschichtswissenschaft. Festschrift für Ernst Herzfeld, hg. von Dietrich Kurze (Veröffentlichungen der Historischen Kommission zu Berlin, Bd. 37, im folgenden zit.: Die Geschichtswissenschaft), S. 59. Vgl. Ders. und Karin Hausen in der Einleitung zu Moderne Technikgeschichte, S. 14 f.

11 Reinhard Rürup, Die Geschichtswissenschaft, S. 60.

bung der Entwicklung des Arbeitsprozesses und des Arbeitsplatzes im Zeitalter der Industrialisierung. Es liegt jedoch auf der Hand, daß dieses Manko nicht nur die Benutzung des Begriffs der Produktivkraft beeinträchtigt, sondern eine genauere historische Kenntnis des Arbeitsprozesses selbst zugleich auch eine wichtige Voraussetzung für die Erforschung einer Organisationsgeschichte der Arbeiterbewegung sein würde.[12]

Die bisher weiterführenden wissenschaftlichen Unternehmungen der internationalen Technikgeschichte waren nach dem Zweiten Weltkrieg die Oxforder „History of Technology", die Charles Singer 1954—1958 herausgab, die von Maurice Daumas 1962 herausgegebene „Histoire Générale des Techniques", die in den USA von Melvin Kranzberg und Carroll W. Pursell edierte „Technology in Western Civilization" (1967) und nicht zuletzt die amerikanische Zeitschrift „Technology and Culture", deren Erscheinen von der 1958 gegründeten amerikanischen „Society for the History of Technology" ermöglicht wurde.

Die älteren deutschen Ansätze wurden 1959 wieder aufgenommen, als Friedrich Klemm und Hans Schimank der Deutschen Forschungsgemeinschaft eine Denkschrift vorlegten, in der sie für eine Schwerpunktförderung der Technikgeschichte eintraten, die in den folgenden Jahren auch gewährt werden konnte. Nach einer Empfehlung der Kultusminister von 1962 sollte im Geschichtsunterricht der Oberklassen der allgemeinbildenden Schulen die Geschichte der Technik stärker berücksichtigt werden. Die 25. Versammlung deutscher Historiker 1962 in Duisburg suchte durch die erstmalige Einrichtung einer besonderen Sektion „Technik und Geschichte" eine Verbindung zustandezubringen.[13] 1965 setzte der Verein Deutscher Ingenieure dann auch die Zeitschrift „Technikgeschichte" fort, die seither von Friedrich Klemm und Wilhelm Treue, neuerdings auch von Karl-Heinz Ludwig, Kurt Mauel und Ulrich Troitzsch, herausgegeben wird.

Die gegenwärtige Phase der deutschen Technikgeschichtsforschung ist besonders, wie Reinhard Rürup und kürzlich auch Werner Rammert[14] übereinstimmend feststellten, durch Anregungen aus der Wirtschaftsgeschichte und von seiten der amerikanischen Technikgeschichtsforschung bestimmt.

---

12 Zu einer technikbezogenen Geschichte des Arbeitsprozesses vgl. die Ansätze bei L.-H. Parias (Hg.), Histoire générale du travail, 4 Bde., Paris 1959—1962 (bes. Bd. 3 von C. Fohlen/F. Bedarida und Bd. 4 von A. Touraine) und Peter F. Drucker, Work and Tools, in: Technology and Culture 1, 1960, S. 28—37 sowie als Beispiel für die noch kaum untersuchten sozialen und politischen Implikationen des Arbeitsprozesses die Kölner Geschichtsdissertation von Wilhelm Heinz Schröder, Latente Determinanten der Sozialstruktur der sozialdemokratischen Arbeiterbewegung im deutschen Kaiserreich 1871—1918 (Ms.).
13 Reinhard Rürup, Die Geschichtswissenschaft, S. 61.
14 Werner Rammert, Technik, Technologie und technische Intelligenz in Geschichte und Gesellschaft, Bielefeld 1975, S. 5, 41 ff. u. ö. (im folgenden zit.: Technik).

Auf seiten der Wirtschaftsgeschichte hat vor allem das Interesse an einer näheren Erfassung des Faktors „technischer Fortschritt" bzw. des Faktors wirtschaftliches Wachstum dazu geführt, daß die Technikgeschichte zu einem der Hauptforschungsgegenstände auch der Wirtschaftsgeschichte geworden ist. Aber besonders die amerikanischen Bemühungen haben dazu beigetragen, die Beschäftigung mit der Geschichte der Technik auf eine neue Grundlage zu stellen. Von Melvin Kranzberg stammt der Satz, daß der Stand der technikgeschichtlichen Forschung noch am ehesten mit der Situation der Kartographen nach dem Bekanntwerden der Entdeckungsreisen des Kolumbus zu vergleichen sei: man habe zwar die Existenz eines neuen Erdteils zur Kenntnis genommen, aber man wisse noch nicht so recht, wie man darüber zuverlässig Erdkarten zeichnen könne.[15] Man könnte auch etwas polemisch sagen, daß Technikgeschichte eine zu wichtige Sache geworden sei, als daß man sie allein den Ingenieuren überlassen dürfte. Damit wird aber ein weiteres Problem oder richtiger eine Aufgabe deutlich:

Was in Amerika vor allem betrieben wird, ist die interdisziplinäre Erforschung der Technikgeschichte, an der sich außer den Technikern und Historikern auch Wirtschaftswissenschaftler, Soziologen, Philosophen und Anthropologen beteiligten.[16] Damit wäre ein Punkt genannt, der bei der Technikgeschichtsschreibung für den „allgemeinen" politischen Historiker von besonderer Bedeutung ist. Denn gerade die mit der Industrialisierung entstandene soziale Frage war schon für Sombart der Grund für eine eingehende Beschäftigung mit der technikgeschichtlichen Entwicklung gewesen. Eine umfassende Geschichte der Arbeit und der Arbeitsverfahren im Industriezeitalter steht dagegen immer noch aus. Darüber hinaus käme es auf eine Technikgeschichte als ökonomische und soziale Strukturgeschichte (Conze) an.

In den letzten fünfzehn Jahren haben in ähnlicher Weise auch die von der Wirtschaftstheorie, von der Wirtschaftsgeschichte, von den Sozialwissenschaften und von der Wissenschaftsgeschichte entwickelten Fragestellungen und Modelle für die Geschichtsschreibung der Technik eine stärkere Bedeutung gewonnen.[17] Dabei hat sich beispielsweise gezeigt, daß die schon von Schumpeter eingeführte Unterscheidung zwischen Invention und Innovation zwar anwendbar ist, um zu beschreiben, daß von einer Erfindung bis zu ihrer wirtschaftlich-rentablen Durchsetzung eine gewisse Zeit verstreichen kann. Aber man sollte nicht zuviel von dieser terminologischen Unterscheidung erwarten, denn die eigentlichen technischen oder

---

15 Reinhard Rürup, Die Geschichtswissenschaft, S. 68.
16 Vgl. Werner Rammert, Technik, S. 43 ff.
17 Vgl. bes. Knut Borchardt, Technikgeschichte im Lichte der Wirtschaftsgeschichte in: Technikgeschichte 34, 1967, S. 1–13.

wirtschaftlichen Gründe einer solchen zeitlichen Verschiebung müssen in jedem Einzelfalle wieder neu geklärt werden.[18] Und vielfach läßt sich der Weg von Neuentwicklungen in der Technik nicht auf eine einzelne Erfindung reduzieren, sondern erweist sich als komplexes Phänomen mehrerer Erfindungsschritte, v. a. der sog. Verbesserungserfindungen.

Ein weiteres für den „allgemeinen" Historiker wichtiges Ergebnis der bisherigen technikgeschichtlichen Forschung ist es, daß man zwar auch für die frühe Phase der Industrialisierung den Naturwissenschaften schon einen gewissen Einfluß zusprechen darf, daß aber die Technik gerade in den Anfängen der industriellen Revolution keineswegs als eine „angewandte Naturwissenschaft" bezeichnet werden kann. Männer wie Watt, Crompton, Hargreaves, Cartwright, Eli Whitney und noch Harkort und Borsig in Deutschland waren nicht Naturwissenschaftler, sondern technische Praktiker, die aus einer gewerblichen Tradition der Mechanik hervorgegangen waren. Erfinder wie Richard Arkwright, der — von Beruf Barbier — 1769 die Flügelspinnmaschine erfand, oder Joseph Ressel, der Forstbeamter war und 1826 die Schiffsschraube baute, passen erst recht nicht in das Bild einer Technik als bloß anwendungsbezogener Naturwissenschaft. Jedenfalls gilt dies im wesentlichen noch mindestens für die Zeit bis etwa 1830, vielleicht aber noch einige Jahre darüber hinaus. Erst spät, etwa seit 1834, als Clapeyron aus den nachgelassenen Papieren Sadi Carnots die Berechnungen eines idealen thermischen Kreisprozesses entwickelte und allgemein als Thermodynamik bekannt machte, gestaltete sich das Verhältnis zwischen den mathematischen und Naturwissenschaften und der technischen Praxis zunehmend enger.[19] Noch die Versuche einer mathematisch-deduktiven Maschinenkonstruktion, wie sie Franz Reuleaux unternommen hat, gingen im 19. Jahrhundert ohne nennenswerten Erfolg aus.

Während in England die Entwicklung der Technik auch über die Jahrhundertmitte hinaus noch großenteils in den Bahnen der Empirie verlief, war die enorme technische Beschleunigung in Deutschland kaum ohne die technologische Bildungsarbeit der Polytechniken und Technischen Hochschulen denkbar. In deren Geschichte spiegelt sich sehr deutlich die Verwissenschaftlichung der Technik, besonders im letzten Viertel des 19. Jahrhunderts, bis hin zu den TH-Neugründungen in Danzig 1904 und in Breslau 1909. Zugleich waren diese Institutionen auch ein Ausdruck der staatlichen Gewerbeförderung, wie sie besonders in Preußen mit großem

---

18 Nathan Rosenberg, Factors Affecting the Diffusion of Innovations, in: Explorations in Economic History 10, 1972 vgl. Ulrich Troitzsch, Die historische Funktion der Technik aus der Sicht der Geschichtswissenschaft, in: Technikgeschichte 43, 1976, S. 100.

19 Vgl. nach dem Nachlaß Carnots zuletzt auch Ulrich Hoyer, Über den Zusammenhang der Carnotschen Theorie mit der Thermodynamik, in: Archive for History of Exact Sciences 13, 1974, S. 359—375.

Erfolg praktiziert worden war, und damit zugleich ein Kapitel Wissenschaftspolitik.[20] Auch England hat sich schließlich dieser deutschen Entwicklung im Prinzip angeschlossen und mit der Gründung der Technological Colleges und Technological Universities wieder aufgeholt.[21] Deutschland gedachte vor dem Ersten Weltkrieg den gewonnenen Vorsprung dazu zu nutzen, im Rahmen des um die Jahrhundertwende aufkommenden Kulturimperialismus der Großmächte durch Gründungen technologischer Bildungsanstalten im Ausland, vor allem in der Türkei und mehr noch in China, kulturpropagandistische Erfolge zu erringen. So wurden die deutschen Technischen Hochschulen, die aus den älteren Polytechniken hervorgegangen waren, zu einem regelrechten politischen Exportartikel. Im Falle der Gründung deutscher Technischer Schulen und Hochschulen in Shanghai, Tsingtau und Hankau zwischen 1908 und 1912 oder der in Adana in der Türkei vor dem Ersten Weltkrieg geplanten Hochschule ließe sich durchaus davon sprechen. Der Begriff „technischer Fortschritt" wurde hier geschickt als Werbefaktor in die offizielle deutsche Außenpolitik eingebaut, wie denn auch diese auswärtigen deutschen Bildungsstätten, für die sich besonders Staatssekretär Zimmermann eingesetzt hatte, im Sprachgebrauch der damaligen Zeit durchweg als „Propagandaschulen" bezeichnet wurden. Hier treten Aspekte der Technikgeschichte hervor, die auch für den „allgemeinen" politischen Historiker von nicht geringem Interesse sein sollten.

Handelt es sich bei dem letztgenannten Beispiel um einen stärker außenpolitischen Gesichtspunkt, so ist ein anderer, innenpolitischer Faktor noch zu erwähnen, der ebenfalls für den „allgemeinen" Historiker von Bedeutung sein muß, nämlich die Frage nach dem durch die technische Entwicklung bewirkten sozialen Wandel der Gesellschaft. Hier hat der Amerikaner William F. Ogburn schon 1922 eine Theorie des „social change" vorgelegt, in der Technik und Wissenschaft neben anderen als die wichtigen Beweger

---

20 Karl-Heinz Manegold, Universität, Technische Hochschule und Industrie, Berlin 1970, S. 70 ff. und zum staatlichen und gesellschaftlichen Aspekt zuletzt Peter Lundgreen, Techniker in Preußen während der frühen Industrialisierung. Ausbildung und Berufsfeld einer entstehenden sozialen Gruppe, Berlin 1975, S. 178 ff. — Den Anteil der staatlichen und privaten Wissenschaftsförderung in der Kaiser-Wilhelm-Gesellschaft untersucht Lothar Burchardt, Wissenschaftspolitik im wilhelminischen Deutschland, Göttingen 1975 (Studien zur Naturwissenschaft, Technik und Wirtschaft im 19. Jahrhundert der Thyssen-Stiftung, Bd. 1, hg. von Wilhelm Treue).

21 Zur etwas anders gelagerten englischen Entwicklung vgl. H. und St. Rose, Science and Society, Harmondsworth 1971. Für das Verhältnis von Staat und Wissenschaft in England vor 1914 möchte ich auf eine in Kürze erscheinende Untersuchung meines Kölner Kollegen Peter Alber, jetzt am Deutschen Historischen Institut in London, hinweisen.

des sozialen Wandels erscheinen.[22] Die Technikgeschichte hat hier ein Thema mit zu bearbeiten, das für die allgemeine Geschichtswissenschaft von besonderer Wichtigkeit ist. Aus all dem ergibt sich die Notwendigkeit interdisziplinärer Arbeit.

Obgleich die Geschichte der modernen Technik sich seit den neunziger Jahren zum Gegenstand einer eigenen historischen Disziplin mit z. T. eigenen Forschungsmethoden und wissenschaftlichen Hilfsmitteln entwickelt hat, zeigt doch die Verlaufsphase der Geschichtswissenschaft nach dem Zweiten Weltkrieg, daß eine Zusammenarbeit der Technikgeschichte mit den anderen Disziplinen der Historie in ihrem Wert für beide Seiten mehr und mehr erkannt wird.

Es ist aber nicht damit getan darauf hinzuweisen, daß die Dampfmaschine und der Hochofen Gesellschaft und Wirtschaft entscheidend „beeinflußt" haben, weil sich mit solchen blassen Vorstellungen dann eher wieder Klischeevorstellungen über die „Omnipotenz" der Technik festsetzen. So hat man beispielsweise in der politischen Geschichtsschreibung noch bis vor achtzehn Jahren geglaubt, daß die preußisch-österreichische Punktation von Olmütz von 1850, in der sich Preußen in der deutschen Frage zu Zugeständnissen an Österreich bereit fand, auf russischen Druck zustandegekommen sei. Dabei wurde ein technisches Moment überbewertet und Bismarcks späteres Wort vom „Draht nach Petersburg", das erst aus der Zeit des Rückversicherungsvertrages von 1887 stammte, gewissermaßen zurückprojiziert auf das Jahr 1850: Rußland wurde infolge der „neuen Telegraphenverbindungen" für fähig angesehen, dem schnellen Gang der Olmützer Verhandlungen zwischen Preußen und Österreich nicht nur zu folgen, sondern sie auch entscheidend direkt zu beeinflussen.

Seit 1959 ist aber klar, ohne daß man es bisher schon als allgemein bekannt voraussetzen könnte, daß von einer solchen schnellen Reaktion Rußlands auf die Olmützer Verhandlungen gar nicht gesprochen werden konnte, daß vielmehr eine erhebliche zeitliche Verzögerung der damaligen russischen Schritte festzustellen war. Das Beispiel zeigt also eine deutliche Überschätzung der technischen Möglichkeiten um 1850. Joachim Hoffmann wies nämlich 1959 schon darauf hin, daß Rußland von den in Olmütz zur Debatte stehenden Fragen eigentlich keine genaue Kenntnis hatte und infolgedessen auch die Verhandlungen nicht beeinflussen konnte.[23]

22 Vgl. Anm. 1 und William F. Ogburn, How Technology Changes Society, in: The Annals of the American Academy of Political and Social Science 249, 1947, S. 81–88. – Ders., Social Change, New York [2] 1950. Dazu kritisch: George H. Daniels, The Big Questions in the History of American Technology, in Technology and Culture 11, 1970, S. 1–21, deutsch in: Karin Hausen und Reinhard Rürup (Hg.), Moderne Technikgeschichte, bes. S. 48 f.
23 Joachim Hoffmann, Rußland und die Olmützer Punktation vom 29. November 1850, in: Forschungen zur osteuropäischen Geschichte 7, 1959, S. 59–71.

Dieses Beispiel ist signifikant: bei der historischen Untersuchung der scheinbar nicht rein diplomatischen Vorgänge ergab sich die Notwendigkeit, die technischen Nachrichtenverbindungen zwischen Olmütz, Berlin und St. Petersburg genauer zu ermitteln. Ergebnis: Petersburg besaß 1850 weder direkte Telegraphen- noch überhaupt durchlaufende Eisenbahnverbindungen.[24] Der berühmte „Draht nach Petersburg" war zu dieser Zeit also sozusagen an vielen Stellen noch nicht einmal gezogen. Die erforderlichen Relaisstationen wurden erst einige Jahre nach Olmütz gebaut. Dieses Ergebnis wurde aber von der „allgemeinen" Geschichtswissenschaft nur ganz langsam rezipiert, obwohl man es eigentlich in Richard Ehrenbergs Darstellung von 1906 über die Unternehmungen der Brüder Siemens schon hätte nachlesen können.[25]

Das Beispiel zeigt, daß schon eine — oft unbewußte — *Über*schätzung der technischen Möglichkeiten der jeweiligen Zeit Unsicherheiten für die historisch-kritische Forschung mit sich bringt. Erst recht stellt natürlich eine *Unter*schätzung der technischen Kapazitäten einer Epoche Schwierigkeiten für den historischen Erkenntnisprozeß dar. Auf Beispiele kann man deshalb hier verzichten.

Weitgehend ist das Verhältnis der „allgemeinen" Geschichtswissenschaft zur modernen Technik aber wohl eher die Geschichte einer falschen Einschätzung der Technik überhaupt gewesen. Ranke und Burckhardt und Droysen lebten noch mehr als eine Generation zu früh, als daß sie die ganze Tragweite der Industrialisierung und die epochale Rolle der Technik schon hätten beurteilen können, obwohl es Ansätze dazu bei ihnen durchaus gibt. Es war dann für die Aufnahme der Ergebnisse technikgeschichtlicher Forschung durch die sogenannte allgemeine Geschichtswissenschaft wenige Jahrzehnte später von großem Nachteil, daß die wenigen Vertreter der „allgemeinen" Zunft, die der Technikgeschichte im Rahmen der Industrialisierungsvorgänge und der sozialen Bewegungen eine besondere Erkenntnisfunktion zuwiesen, wie Sombart und Lamprecht, umstrittene Gelehrte waren. Die „eigentlichen" Technikhistoriker wie Samuel Smiles, die Brüder Beck, Feldhaus und Matschoß wiederum hatten zur übrigen Geschichtswissenschaft nur lose Beziehungen. Dies alles wirkte sich auf die Rezeption der neuen Diziplin im Kreis der älteren geschichtswissenschaftlichen Arbeitsbereiche nicht gerade positiv aus. Spätestens mit Schnabel ist die Technikgeschichte als wichtiger Gegenstand und Vorgang, als „geistige Bewegung" (Goldbeck) in das Blickfeld der gesamten Geschichtswissenschaft getreten.

24 Ebd., S. 62.
25 Vgl. mit Hinweis auf Ehrenberg: Jürgen Kocka, Von der Manufaktur zur Fabrik. Technik und Werkstattverhältnisse bei Siemens 1847—1873, in: Hausen/Rürup, Moderne Technikgeschichte, S. 268 und 283 Anm. 6.

Die Technikgeschichte hat inzwischen — angeregt und weitergetragen nicht zuletzt durch neue Forschungsansätze in den USA, in England und Frankreich — ihre leitenden Fragestellungen fortentwickelt. Sieben große Problemkreise haben sich als Hauptforschungsgebiete deutlicher herausgeschält:

1. die Geschichte der Arbeit (industrieller Arbeitsprozeß, historisch vergleichende Arbeitsplatzstudien, soziale Implikationen usw.). Ihr benachbart

2. die konkrete, fachlich kompetente Untersuchung der Entwicklung einzelner Technologien, also „technische Technikgeschichte" („Technology itself", Ferguson), z. B. der Gußstahlerzeugung oder des Elektrizitätstransports, der Ausbildung neuer chemischer Verfahren usw. Die Ingenieure betrachten dies meist als die „eigentliche" Aufgabe der Technikgeschichte. Die Gefahr liegt hier aber in einer möglichen antiquarischen Vereinseitigung, d. h. in einer Ausklammerung der historisch-sozialen Aspekte der Technik.

3. Im Zusammenhang mit der Untersuchung der Bedingungen technischen Fortschritts ist die Erfinder-Ingenieur-Unternehmer-Persönlichkeit näher analysiert und dabei das Verhältnis von Invention und Innovation schärfer herausgearbeitet worden. Dieses Modell bedarf aber noch vieler Ergänzungen.

4. In Zusammenarbeit mit der Wirtschaftsgeschichte sind die kapitalbedingten Faktoren des Industrialisierungsvorgangs stärker ins Blickfeld gerückt worden, wobei die lebhaften und noch andauernden Diskussionen über die Größe des „Take-off" nur ein Teilaspekt des Gesamtproblems, nämlich des Zusammenhangs von Innovation und bedingenden Faktoren sowohl auf der technologischen wie auf der Kapitalseite, sind. Daß der Faktor „technischer Fortschritt" zum großen Teil in einer „technikimmanenten" Logik liegt, die in Unabhängigkeit vom Kapitalfaktor gesehen werden muß, hat Nathan Rosenberg auf die Formel gebracht, daß der Anteil des technischen Fortschritts am Prokopfeinkommen größer sein könne als der Kapitalstock.[26] Das Problem ist hier nur, wie dies überhaupt zu messen sei. Nathan Rosenberg hat auf das Moment hingewiesen, daß neue Technologien, wie sie z. B. vielfach zuerst in der Werkzeugmaschinenindustrie entwickelt wurden, auf andere Industriebereiche ausstrahlen und so eine Übertragung („spill-over") bewirken, die den Kapitalfaktor an Wirkung zu übertreffen scheint.

5. Im Zusammenhang mit der Frage staatlicher Technik- und Gewerbeförderung ist besonderes Augenmerk auf die Funktion der Polytechniken und

---

26 Nathan Rosenberg, Technological Change in the Machine Tool Industry 1840–1910, in: The Journal of Economic History 23, 1963, S. 414–443, jetzt deutsch in: Hausen/Rürup, Moderne Technikgeschichte, S. 216–242, bes. S. 216 ff.

der Technischen Hochschulen, aber auch der naturwissenschaftlichen Universitätsforschung und im weiteren Verfolg der staatlichen Wissenschaftspolitik überhaupt gelegt worden. Besonders zu untersuchen wäre hierbei aber wohl speziell noch das zeitliche Intervall zwischen der Begründung neuer Technologien und ihrer Aufnahme in die Lehr- und Forschungsthemen wie auch Institutionen und Planstellen der Hochschulen.

6. Die akademische und korporationsrechtliche „Emanzipation" der Technischen Hochschulen im 19. Jahrhundert hängt eng mit der sozialen Emanzipation" des Ingenieurstandes zusammen. Hier erweist sich die Zusammenarbeit von Technikgeschichte und Sozialwissenschaften als notwendig.[27] Die Theorie eines sozialen Wandels müßte aus den Sozialwissenschaften mit Umsicht transferiert und adaptiert werden.

7. Die Technikgeschichte steht im Begriff, einen nützlichen Beitrag zur Geschichte des Imperialismus vor 1914 zu liefern, bei dem die Fragen des Baues großer Eisenbahnen und der konkurrierenden Hochseeflotten eine wichtige Rolle nicht nur als technische Probleme gespielt haben.[28] Darüber hinaus ist im Zusammenhang mit dem sog. Kulturimperialismus der Großmächte — vor allem in China und in der Türkei — die Rolle des technischen Schul- und Hochschulwesens als imperialistischen „Exportartikels" ein noch näher zu untersuchendes Gebiet.

Es liegen bereits erste Gesamtdarstellungen der Technikgeschichte vor, die auch der „allgemeinen" Geschichtswissenschaft einiges zu bieten imstande sind. Dabei zeigt sich immer mehr, daß die traditionelle Trennung zwischen der Technikgeschichte und den anderen Disziplinen der Geschichte einer engeren Zusamenarbeit weicht. Daß eine solche Trennung z. B. auf dem Gebiet der militärischen Technikgeschichte ohnehin kaum je bestanden hat, ist leicht verständlich. Daß aber die Technikgeschichte für die politische — und nicht nur für die wirtschaftliche Geschichte — auch als Machtfaktor viel stärker in die Analyse einbezogen werden müßte, dringt allmählich in das Fachbewußtsein ein. Es wäre für die Beschleunigung dieses Erkenntnisprozesses wichtig, die tatsächliche machtpolitische Bedeutung der technikgeschichtlichen Entwicklung herauszuarbeiten. Für die Geschichte der Indigosynthese, des Haber-Bosch-Verfahrens oder der synthetischen Treibstoffherstellung, um nur einige zu nennen, ist dieser Nachweis bereits weitgehend erbracht.

Die Bedeutung der Technikgeschichte für die „allgemeine" Geschichtswissenschaft wird in weiterem Rahmen in der Möglichkeit deutlich, die die Technik des Industriezeitalters für die mögliche Konkretisierung mensch-

---

27 Gerd Hortleder, Das Gesellschaftsbild des Ingenieurs, Frankfurt a. M. 1970 ist ein Ansatz, dem weitere Untersuchungen folgen sollten.
28 Vgl. Wilhelm Treue, Trans- und Interkontinentalbahnen im 19. Jahrh., in: Technikgeschichte 43, 1976, S. 3—19.

licher und d. h. gesellschaftlicher Freiheit darstellen kann. Die Theorie des „social change" ist insofern von dieser Frage nicht zu trennen. In der Tat läge im Aufweis der emanzipativen Rolle der Technik ein Punkt, der in einer Theorie der Technikgeschichte im Ganzen der Geschichtswissenschaft die Anknüpfung etwa an die Theorie Droysens ermöglichte. Darauf hat schon vor einigen Jahren Jörn Rüsen aufmerksam gemacht.[29] Die von Droysen durchaus schon gesehene technische Rationalität der Industrialisierung, die er durch eine Theorie der Freiheit in der Geschichte zu interpretieren suchte, wurde bei ihm aber zugleich mit einer Abwehr einseitiger „polytechnischer" Weltanschauung verbunden. Nicht eine Verabsolutierung der Technik, sondern ihre Einbindung in die historische Interpretation einer Theorie des Freiheitsprozesses verschaffte der Technik nach Droysen ihre geschichtliche Würde. Die geschichtlichen Formen der Arbeit und der Technik erschienen so einer „technologischen Interpretation" aus dem Geiste der „allgemeinen" Geschichte als die „Interpretation der Bedingungen", unter denen geschichtliches Handeln sich überhaupt vollziehe. Erst diese historische Betrachtung erschloß für Droysen die sittliche Dimension technischen Handelns. Die Frage des sozialen Wandels durch Technik hängt trotz aller Konkretisierung und Differenzierung des augenblicklichen Forschungsstandes der Technikgeschichte mit dieser schon im 19. Jahrhundert skizzierten Problematik nach wie vor eng zusammen. Auch für eine historische Modernisierungstheorie, die ohne Technikgeschichte kaum zu leisten sein dürfte, kann diese Kontinuität weiterhin von Interesse sein.[30] Es könnte der Fall eintreten, daß das Verhältnis von „allgemeiner" Geschichtswissenschaft und Technikgeschichte sich noch mehr klärt, sobald sich die Technikgeschichte selbst ein allgemeineres Begriffssystem erarbeitet hat, durch das sie sich, auf dem Boden einer allgemeinen geschichtswissenschaftlichen Theorie, mit der übrigen Geschichtswissenschaft verständigen kann. Die Voraussetzungen hierzu scheinen z. T. schon gegeben.

---

29 Jörn Rüsen, Technik und Geschichte in der Tradition der Geisteswissenschaften, in: HZ 211, 1970, S. 529–555.
30 In diese Richtung weist auch der Vortrag von Werner Conze, Die prognostische Bedeutung der Geschichtswissenschaft. Möglichkeiten und Grenzen. In: Technikgeschichte. Voraussetzungen für Forschung und Planung in der Industriegesellschaft, Düsseldorf 1972. Vgl. oben S. 7 die Einleitung von Wilhelm Treue und neuerdings auch — wobei aber gerade die technikgeschichtliche Fragestellung noch stärker berücksichtigt werden sollte — Hans-Ulrich Wehler, Modernisierungstheorie und Geschichte, Göttingen 1975, S. 16 f.

Die Emanzipation der Technik und die deutschen Hochschulen im 19. Jahrhundert

von Karl-Heinz Manegold

Wer heute von Emanzipation der Technik spricht, denkt an die Entfaltung der modernen naturwissenschaftlich-systematisch begründeten Technik, die, wie stets betont wird, in ihrer sich steigernden Wechselwirkung zwischen Wissenschaft, Technik und Wirtschaft zu einem dominierenden Prozeß des technisch-industriellen Zeitalters geworden ist. Manche Betrachter gehen dabei davon aus, daß diese Emanzipation einen Grad erreicht habe, der nicht mehr nur das Produkt bewußter Bestrebungen nach Ausbreitung der materiellen Kultur sei, sondern der Vorgang eines automatisch gewordenen wissenschaftlich-technischen Fortschritts, der nur noch immanenten Gesetzen gehorche und der sich als solcher der Kontrolle durch den Menschen inzwischen weitgehend entziehe.[1] Demgegenüber hat etwa Habermas betont,[2] daß der technische Fortschritt „diesen Schein der Verselbständigung nur der Naturwüchsigkeit der in ihm wirksamen Interessen verdankt", die sich in Investitionen, in staatlicher und privater Forschungsförderung, in der Festlegung von Prioritäten manifestiere, daß der technische Fortschritt also in jedem Falle das Resultat bewußter Entscheidungen sei.

In den Diskussionen solcher Aussagen bedient man sich zwar häufig wenn auch in sehr schematischer Weise historischer Begründungen und Argumentationen — indessen, Reinhard Rürup hat unlängst mit Recht darauf hingewiesen[3] — Historiker sind an dieser Diskussion in der Regel nicht beteiligt.

Tatsächlich liegt in der Notwendigkeit einer historischen Erforschung des sich wandelnden Verhältnisses von Technik, Wirtschaft und Gesellschaft, der jeweiligen Ursachen, Bedingungen und Wirkungen des technischen

---

1   Arnold Gehlen, Über kulturelle Evolutionen, in: H. Kuhn und F. Wiedmann (Hg.), Die Philosophie und die Frage nach dem Fortschritt, 1964, S. 208 ff.
2   Jürgen Habermas, Technik und Wissenschaft als „Ideologie", 1968, S. 104 ff., S. 123.
3   Richard Rürup, Die Geschichtswissenschaft und die moderne Technik, in: Dietrich Kurze (Hg.), Aus Theorie und Praxis der Geschichtswissenschaft, Festschrift für Hans Herzfeld, 1972.

Fortschritts und hier insbesondere der sich verändernden Beziehungen zwischen Wissenschaft und Technik eine wesentliche Herausforderung an die Geschichtswissenschaft und an die Technikgeschichte insbesondere. Dabei erweist sich offensichtlich das Verhältnis zwischen Technik und Wissenschaft für die historische Fragestellung als eines der wichtigsten aber auch schwierigsten Probleme und es ist nicht zufällig, daß innerhalb der Technikgeschichtsschreibung höchst unterschiedliche Aussagen nebeneinanderstehen, wie etwa die Auffassung Technik sei angewandte Naturwissenschaft und deshalb kausal von dieser abhängig ebenso wie die gegenteilige Position, die Technik habe sich historisch zumindest bis zum Ende des 19. Jahrhunderts völlig unabhängig von den Naturwissenschaften entwickelt. Es sei hier vor allem auf die in England und in den USA andauernde Diskussion hingewiesen.[4] Angesichts des hier zugrundeliegenden komplexen wechselseitigen und historischen Wandlungen unterliegenden Bezugssystems muß betont werden, daß die Annahme einer linearen Ursache—Wirkung Beziehung zwischen dem Stand der Naturwissenschaften und wissenschaftlichen Kenntnissen und Innovationen in der Technik ebenso unbrauchbar ist wie die Analyse der industriellen Revolution mit Hilfe einer einzigen Ursache oder einer einzigen Variablen.

Maurice Daumas hat darauf hingewiesen, daß es deshalb methodisch sinnvoll sei, wenn anstelle einer Untersuchung der direkten Beziehungen zwischen Wissenschaft und Technik diejenige zwischen Wissenschaft, Technologie und Technik treten würde.[5] Dabei versteht er unter Technologie die technischen Wissenschaften, die selbst nur Teil der Technik sind und die im historischen Kontext ihrer Entstehung und Entwicklung Gemeinsamkeiten und Unterschiede der Systeme von Wissenschaft und Technik deutlicher erkennen lassen. Die Entfaltung der technischen Wissenschaften im 19. Jahrhundert, ihre Emanzipation im Kreis der Wissenschaften im Sinne wissenschaftlicher Anerkennung wie sozialer Geltung kann in Deutschland weitgehend gleichgesetzt werden mit der Entwicklung der Polytechnischen Schulen und technischen Hochschulen, die im Laufe des Jahrhunderts als wichtigster neuer und eigenständiger Zweig staatlich begründeter Wissenschaftsorganisation als Stätten wissenschaftlich-technischer Lehre und schließlich als spezifische Forschungsstätten neben den traditionellen Universitäten ihre eigene Position gewannen. Die Techniker im Bereich der neuen Hochschule waren bestimmungsgemäß angetreten um die Wissenschaft in die Technik hinzutragen, nach der Parole der Zeit, die „Amalgamierung von Wissenschaft und Technik" zu er-

4 Peter Mathias, Who unbound Prometheus, in: Ders. (Hg.), Science and Society 1600—1900, Cambridge 1972, S. 56 ff.
5 Maurice Daumas, Technikgeschichte: Ihr Gegenstand, ihre Grenzen, ihre Methoden, in: Karin Hausen und Reinhard Rürup (Hg.), Moderne Technikgeschichte, 1975, S. 34 f.

reichen, und sie alle haben das Ziel vor Augen gehabt eine eigenständige technische Wissenschaft als Reaktionsraum von Naturwissenschaften und praktischer-empirischer Technik zu begründen und auszubauen. Dies gilt auch unbeschadet der Tatsache, daß der greifbare realisierte technische Fortschritt sich in aller Regel außerhalb der Hochschulen in der Industrie vollzog und daß Erfindungen und Innovationen dort häufig genug unabhängig von wissenschaftlichen Theorien und Erkenntnissen oder ihrer bewußten Anwendung gemacht worden sind. Im Anschluß an das viel zitierte Wort A. N. Whitehaed's, daß die größte Erfindung des 19. Jahrhunderts die Erfindung der Methode des Erfindens gewesen sei, läßt sich feststellen, daß der Entwicklungsgang der technischen Wissenschaften, wie er sich im Raum der Hochschule darstellt, weniger eine „Erfindung der Methode", vielmehr ein langer wechselvoller und vielfach beeinflußter Prozeß gewesen ist. Das Wissenschaftsproblem der Technik, konstitutiv für ihr Selbstverständnis und ihren Anspruch, wurde von Beginn an deutlich in der inneren wie äußeren Entwicklung der Technischen Hochschule. Hier wird auch greifbar, daß den Ingenieuren im Gegensatz zu vielen Historikern und Sozialwissenschaftlern heute, dort von Anfang an bewußt gewesen ist, daß wissenschaftliche Technik nicht identisch sein konnte mit angewandter Naturwissenschaft.

Wie alle Institutionen von Wissenschaft und Bildung als „geronnenes Handeln" im Schnittpunkt sehr vielfältiger Zusammenhänge stehen, so ist auch der historische Standort der Technischen Hochschule von ihrer Gründung an von wirtschafts- und sozialgeschichtlichen, von geistes- und bildungsgeschichtlichen, von politischen Interdependenzen ebenso bestimmt worden wie von der technischen und naturwissenschaftlichen Entwicklung. Im Hinblick auf das umfassende Problem der Verwissenschaftlichung der Technik überhaupt bedeutet es zwar eine eingeschränkte Fragestellung, es kann aber davon ausgegangen werden, daß die historischen Veränderungen des Verhältnisses von Wissenschaft und Technik näher bestimmt werden kann über die institutionellen Zusammenhänge und Bedingungen, in denen wissenschaftliches und technisches Wissen gelehrt, studiert und produziert worden ist. Die Betrachtung der Institution für sich allein genommen ist zweifellos nicht ausreichend erweist sich aber als ein historisch aussagefähiger Ansatz, gerade weil sie im Zusammenhangsgeflecht vielfältiger sozialer Prozesse stehen und von dieser strukturiert werden. Die Institutionen der Wissenschaft bilden den organisatorischen und sozialen Rahmen, in dem Ziele, Bedürfnisse und Methoden wissenschaftlicher Arbeiten greifbar werden, in denen ebenso die wissenschaftliche und soziale Bewertung des produzierten Wissens und deren Träger und damit Steuerung und Auswahl stattfindet und auch die Verbreitung des Wissens beeinflußt wird.[6] Die Betrachtung der Wissenschaftsinstitu-

---

6 Vgl. dazu Peter Weingart, Wissensproduktion und soziale Struktur 1976.

tionen, ihrer Aufgaben und ihrer Entwicklung läßt demgemäß Schlüsse zu auf interne wie externe Faktoren und Bewertungskriterien und damit auf Strukturen und Dynamik der hier sichtbar werdenden Prozesse. Unter solchen Aspekten erscheint die Untersuchung der Hochschulen im 19. Jahrhundert besonders relevant.

Gründungszusammenhang und Zwecksetzung der polytechnischen Schulen bzw. ihrer Vorläufer waren zu Beginn des 19. Jahrhunderts in Deutschland im Hinblick auf die angestrebte Industrialisierung, charakterisiert durch die Startproblematik und die Situation des industriellen Nachfolgelandes. Von allen für den Gründungszusammenhang wichtigen Kräften wurden Wissenschaft und Bildung als wichtigstes Instrument einer neuen Wirtschaftspolitik betrachtet.[6a] „Dem technisch-wissenschaftlichen Fortschritt fällt fast ganz die Rolle des Schrittmachers der wirtschaftlichen Entwicklung zu", so hatte etwa Karl Friedrich Nebenius 1833 im Zusammenhang mit seiner entscheidenden Reorganisation des Karlsruher Polytechnikums erklärt.[7] In Preußen formulierte Beuth, der Gründer des Berliner Gewerbeinstituts, „wo die Wissenschaft nicht in die Gewerbe eingeführt und zur Grundlage der Produktion gemacht wird, da gibt es kein Fortschreiten",[8] während sein Kollege Kunth das Problembewußtsein solcher Zusammenhänge auf die vielzitierte Formel gebracht hatte: „Gegenüber der Gefahr durch die Anstrengungen der fortgeschritteneren westeuropäischen Fabrikländer immer beschränkt zu werden, ist die Hülfe, welche von Staatswegen geleistet werden kann, in dem einzigen Wort begriffen: Bildung".[9] Mobilisierung von Wissenschaft und Bildung, das hieß vor allem technische Bildung, das war der Inhalt, der hier immer erneut vorgebrachten Ziele. Die Erkenntnis des Wirkungszusammenhanges von Wissenschaft und Bildung als eines ökonomischen Faktors, die pädagogische und wissenschaftspolitische Praxis des 17. und 18. Jahrhunderts belegte bereits die lange Tradition dieser Denkweise, trat an der Schwelle des Industriezeitalters in Deutschland allgemeiner und in größerer Konsequenz als zuvor auf den Plan und wurde zum Eckpfeiler einer neuen staatlichen Gewerbeförderungspolitik.

In diesem Rahmen nun war die Zwecksetzung der in Prag 1806, in Wien 1815, bald darauf in Karlsruhe gegründeten Polytechnischen Schulen im wesentlichen für alle ebenso gleichgerichtet, wie in bestimmter Weise, frei-

---

6a   Vgl. hierzu K. H. Manegold, Universität, Technische Hochschule und Industrie. Ein Beitrag zur Emanzipation der Technik im 19. Jahrhundert, 1970.
7   Vgl. C. F. Nebenius, Über technische Lehranstalten in ihrem Zusammenhang mit dem gesamten Unterrichtswesen und mit besondere Rücksicht auf die Polytechnische Schule, Karlsruhe, 1833.
8   P. Chr. W. Beuth, „Glasgow", in: Verhandlungen des Vereins zur Beförderung des Gewerbfleißes in Preußen, Bd. 3, 1824, S. 169.
9   F. und P. Goldschmidt, Das Leben des Staatsrates Kunth, 1881, S. 269 f.

lich in mehr ideellem Sinne, die Anlehnung an die Pariser École Polytechnique gegeben war. Bis zur Jahrhundertmitte blieb vor allem aber das Wiener Institut das unerreichte Vorbild für alle folgenden Gründungen. Wien wurde auch für das engere Deutschland zur Pflanzstätte einer ganzen Generation der neuen „Polytechniker", als erste Technische Hochschule im Sinne des 19. Jahrhunderts nach Organisation, Ausdehnung und Niveau.[10] Im Anschluß die Erkenntnis der Pariser École Polytechnique, von der methodisch und mathematisch-naturwissenschaftlich begründeten Einheit aller technischen Arbeit, wurde in Wien die Technische Hochschulidee in bewußter Trennung und Abgrenzung von der Universität klar formuliert. Hier bildete nach der Definition des Technologen Prechtl, des Anstaltsgründers, „Wesen und Einheit" der Technik das innere Organisationsprinzip unter entschiedener Forderung nach Gleichstellung mit der Universität. Als Mittelpunkt aller auf den technisch-gewerblichen Bereich zielenden Bestrebungen konzipiert, fand hier die Form einer Technischen Hochschule ihre eigene Rechtfertigung mit dem Anspruch der neue Hochschultyp für die technischen Staatsdienste und insbesondere für die, wie es damals hieß, „staatswichtige Klasse der höheren Fabrikanten, Unternehmer und Handelsleute," also des industriellen und kommerziellen Bürgertums zu sein, gerade nicht im engen Sinne Fach- oder Spezialschule, vielmehr als Universitas scientiarum technicarum, die Hochschule für einen eigenständigen Lebensbereich. Bemerkenswert ist, daß es in den Pioniergründungen Prag und Wien nicht zuletzt der, im Gegensatz zu Preußen und dem übrigen Deutschland, dort beträchtlich an der Industrialisierung interessierte Adel gewesen war, der hier aktiv wurde. Das hat zweifellos auch die in dieser Zeit unvergleichlich höhere soziale Einschätzung technisch-naturwissenschaftlicher Studien in Österreich beeinflußt. Es war hier die dynastisch-konservative Elite, die, herausgefordert unter dem Druck der politischen und wirtschaftlichen Machtkonkurrenz, gewissermaßen einem Modell der partiellen Modernisierung entsprach. Kernpunkt des Organisationsentwurfs bildete die Bemühung, wie sein Verfasser Prechtl formulierte, die „eigentümliche rationelle technische Methode", der entschiedene Versuch, zu einer klaren Umgrenzung eines spezifisch-technisch-wissenschaftlichen Bereiches zu kommen, der begrifflich von der „reinen" Wissenschaft ebenso scharf abgesetzt wurde wie von „angewandter" Wissenschaft und von „bloßer Empirie". Es galt so, zu einem eigenständigen Raum wissenschaftlicher Technik zu gelangen, in dem es möglich werden sollte, wissenschaftliche Theorie und gewerbliche Empirie und Praxis zu versöhnen, im Gegensatz zu den Auffassungen der Pariser Ecole also, in der Überzeugung, daß technische Wissenschaft nicht identisch sein konnte mit angewandter Naturwissenschaft. Damit wurde eine Art Akademisierungsprogramm und zugleich

---

10 Vgl. J. Neuwirth, Die k. k. Technische Hochschule in Wien 1815–1915, Wien 1915.

ein emanzipatorisches Ziel klar formuliert, dessen Realisierung konstitutiv für die Technischen Hochschulen des 19. Jahrhunderts geworden ist, ein Ziel, das freilich erst am Ende des Jahrhunderts erreicht wurde.

Es ist notwendig, hinzuweisen auf die zeitliche Parallelität der Polytechnischen Gründungen mit der Entfaltung der einer neuen Wissenschafts- und Bildungsauffassung verpflichteten idealistisch-humanistischen Universitätskonzeption, die sich nach Errichtung der Universität Berlin mit dem Anspruch einer geistigen Neubegründung in Deutschland rasch und erfolgreich durchsetzte. Die Gegenposition gegenüber der sich die neue Universität verwirklichte, war gerade die mehr technisch gerichtete Auffassung der Aufklärung von der Hochschule als Stätte der Wissenschaft im Hinblick auf Anwendung und Utilität im bürgerlichen, wirtschaftlichen und industriellen Leben, vor allem die auf Berufsausbildung ausgerichtete Fach- und Spezialschule, gegenüber jenen Traditionslinien also, auf denen die Polytechnischen Schulen standen. Es muß hier nicht näher auf die humanistische Bildungs- und Wissenschaftsauffassung eingegangen werden. Die Bestimmung der Universität stand danach auf der ideellen Grundlage der „reinen" von jeder äußeren Zwecksetzung freien Wissenschaft, die nur aus sich selbst geschöpften Fragestellungen folgt und mit der Praxis direkt nichts zu tun hat. Wenn diese Auffassung auch nirgends und zu keiner Zeit bewahrt wurde oder realisiert worden ist, so schien es doch paradox genug, daß zu einem Zeitpunkt, da man auf der einen Seite die Wissenschaft zur notwendigen Grundlage einer zu verändernden Praxis erklärte, dies idealistische Leitbild von Wissenschaft zum bestimmenden Prinzip wurde, für die institutionelle Trennung von Wissenschaft und Technik. Dies gilt umso mehr, da auch die Naturwissenschaften, die sich bald an der Universität erfolgreich durchsetzten und im Laufe des Jahrhunderts zu einer international führenden Position aufstiegen, in ihrem Selbstverständnis in einer Art naturwissenschaftlich gerichtetem Neuhumanismus der „reinen" Wissenschaft verpflichtet blieben, was bald eher immer stärker hervorgehoben als abgeschwächt wurde. Die Weichen waren also auch von dieser Seite gestellt, so daß die Frage nach der höheren technischen Bildung überall in Deutschland zugunsten selbständiger technischer Anstalten beantwortet wurde, wenn auch oft nach einigem Schwanken und manchen erfolglosen Versuchen, die technischen Fächer doch in die Universität zu integrieren und Wissenschaft und Technik institutionell zu vereinen. Damit ist zugleich die Problematik der das Jahrhundert durchziehenden Diskussion der Zweigleisigkeit angesprochen, die sich in der bereits seit den 20er Jahren ständig zunehmenden Universitätsreform-Diskussion immer wieder und vor allem an der Kritik von Praxisferne der Universität entzündete.[11] Die

---

11 F. C. Biedermann, Wissenschaft und Universität in ihrer Stellung zu den praktischen Bedürfnissen der Gegenwart, Leipzig 1839.

technischen Anstalten gerieten in ihren Aufstiegs- und Akademisierungsbestrebungen in den Zusammenhang der vielbeschworenen säkularen Auseinandersetzung zwischen Realismus und Humanismus, in unmittelbare Verbindung mit dem ideellen und jetzt organisatorischen Antagonismus von „reiner" und „angewandter" Wissenschaft, von Theorie und Praxis, Bildung und Ausbildung, Geist und Industrie, Kultur und Zivilisation, oder wie auch immer die dabei nicht nur von einer antitechnischen Kulturkritik strapazierten Antinomien im Streit um die Emanzipation der Technik formuliert wurden. Ihr Standort mußte außerhalb der wirtschafts- oder doch technik- und industriefeindlichen Universität bleiben, ihre Entwicklung mußte aber andererseits unter ständiger Ausgleichung und Übernahme der normsetzenden und allein sozial bedeutsamen universitären Formen erfolgen. Die institutionelle Differenzierung zwischen Wissenschaft und Technik, Ergebnis vieler äußerer Wirkungszusammenhänge, schien indessen auch immanenten Gesetzmäßigkeiten zu entsprechen, denn sie bewies Dauer und wurde zum Vorbild der Wissenschaftsorganisation in fast allen industriellen Nachfolgestaaten, aber auch für die alten Industrieländer.

Noch vor dem eigentlichen Beginn des Take-off Stadiums der Industrialisierung waren in der Nachfolge von Prag, Wien und Karlsruhe innerhalb des knappen Jahrzehnts zwischen 1827 und 1836 in den meisten deutschen Bundesstaaten auf zunächst unterschiedlichem Niveau höhere technische Lehranstalten für die Gewerbe und technischen Staatsdienste gegründet worden. Die Initiative dazu war fast stets ausgegangen von einer staatspädagogisch progressiven liberalen höheren Beamtenschaft. Dabei ergab sich häufig die charakteristische Situation, daß sich eine konservative Verwaltung mit liberaler fortschrittlicher Wirtschaftsgesinnung und ein politisch liberales Bürgertum mit konservativem Wirtschaftsdenken gegenüberstand. Die Anstalten erhielten bis zur Jahrhundertmitte alle Status und Bezeichnungen von Polytechnischen Schulen. Ihre politisch-soziale Einschätzung blieb zunächst sehr unterschiedlich. Hatten in Prag und Wien die politisch konservativ-monarchistischen, gleichwohl auf den wissenschaftlich-technischen Fortschritt setzenden Kräfte betont, daß die Errichtung Polytechnischer Institute und damit die Förderung unpolitischer naturwissenschaftlicher Studien geeignet sei, zugleich eine jugendliche Elite von gefährlichen politischen Ideen und Aktivitäten abzuhalten, also im doppelten Sinne einer Herrschaftssicherung argumentiert, so wiesen konservative Stimmen in Deutschland darauf hin, daß die École Polytechnique eine Errungenschaft der Revolution sei, rückten „Polytechnik" in die Nähe zur radikalen Bewegung und suchten sie als „Revolutionswissenschaft" zu kennzeichnen. Wenn es auch selbst im frühliberalen Lager Warnungen vor der Gefahr der „Polytechnismus" und „Amerikanismus" gab, so wurde die rationelle Technik hier doch zumeist als emanzipatorische Potenz betrachtet und die Polytechnika als „Bürgeruniversitäten", „Realuniversitäten" und „Technische Universitäten" apostrophiert mit der Forderung nach umfassendem Ausbau und voller Gleichrangigkeit mit der Universität.[12] In der Reformbewegung des Jahres 1848 hatten solche Forderungen einen Höhepunkt erreicht, der staatsbürgerlichen Gleichberechtigung sollte die Gleichstellung jener Anstalten und jener Fächer entsprechen, die wesentlich zum Aufstieg des wirtschaftlichen Bürgertums beitrugen. Auch wenn in den Gründungsintentionen von den Polytechnischen Schulen häufig als Spitze innerhalb eines gegliederten Systems von unteren und mittleren technischen Bildungsanstalten bzw. Realschulen die Rede gewesen war, im Parallelismus von allgemeinbildenden Schulen und Universitäten, so waren sie doch alle als Schlußstücke gegründet worden, die einem entsprechenden Unterbau zeitlich vorausliefen. Die Gründer waren davon ausgegangen, daß zunächst und vor allem höher qualifizierte technische Bildung notwendig sei, die Bildung technischer Kader, wie oft betont wurde, der „Offiziere der gewerblichen Armee", für die es im Hinblick auf den Abstand von polytechnischem Ausbildungsniveau und dem tatsächlich vorhandenen allgemeinen Stand der gewerblichen Produktion indessen für lange Zeit kaum oder wenig adäquate Arbeitsplätze in der Industrie gab. Sie sollten nach den Zielsetzungen der staatlichen Gewerbeförderung den entsprechenden Bedarf erst selbst mit schaffen helfen. So sind es zunächst vor allem die technischen Staatsdienste gewesen, die hier mit genauer umschriebener Wissens- und Ausbildungsqualifikation durch Staatsprüfungen ausgewiesene Kräfte aufnahmen. Der damit gegebene Zusammenhang mit den Normen und Bewertungen in Beamten-Laufbahnbestimmungen und staatlichem Berichtigungswesen hat die akademische Entwicklung der Anstalten wesentlich mitbestimmt. Peter Lundgreen hat in einer profunden Arbeit[13] kürzlich im Hinblick auf die zu untersuchenden Zusammenhänge zwischen technischer Bildung und Wirtschaftswachstum auf die Schwierigkeiten hingewiesen, das Ausmaß an Begegnungen zwischen produzierter technischer Bildung und gewerblich-industriellem Bedarf konkret zu bestimmen. Auf der institutionengeschichtlichen Seite läßt sich tatsächlich im wesentlichen nur die Angebotsseite, die Produktion technischer Bildung als solcher behandeln, beim völligen Fehlen der hier nötigen Einzelstudien wissen wir über ihre Verwendung in der industriellen Technik, über die Bedarfsseite, noch immer sehr wenig. Dies gilt mit Ausnahme des Bereiches der Chemie und der Chemischen Industrie, die hier indessen als Sonderfall ausgeklammert wer-

12 Vgl. Fr. Schödler, Die höheren technischen Schulen nach ihrer Idee und Bedeutung, Braunschweig 1847.
13 Peter Lundgreen, Bildung und Wirtschaftswachstum im Industrialisierungsprozeß des 19. Jahrhunderts, 1973; ders., Techniker in Preußen während der frühen Industrialisierung, 1975.

den muß. Erst seit den 60er und in den 70er Jahren gewinnen die Absolventen der Technischen Hochschulen rasch zunehmend ihrer Qualifikation entsprechende Einsatzmöglichkeiten in der privaten Industrie.

Die Fortentwicklung und Erweiterung der Hochschulen und ihrer Lehre war zwar einerseits gebunden an die praktischen Bedürfnisse von Industrie und ausführender Technik, wurde aber im gleichen Maße oder noch stärker beeinflußt von dem Ziel nach wissenschaftlichem Ausbau und immanenter Fortentwicklung der technischen Wissenschaft als solcher. Dieses Ziel war untrennbar eingebettet in ihre immer entschiedener auf Gleichberechtigung, Statussicherung und soziale Integration gerichteten wissenschaftlichen und gesellschaftlichen Aufstiegsbestrebungen. In diesem vielfältigen Wirkungszusammenhang erwies sich der Prozeß der Akademisierung jedenfalls als die bestimmende Motviation, durch die das Verhältnis von Wissenschaft und Technik innerhalb des Lehrbetriebes und die daraus entstehenden Spannungen zwischen den technischen Fächern und den Naturwissenschaften sowie zwischen den technischen Wissenschaften und der ausführenden Technik nachhaltig beeinflußt worden sind. Hatten Redtenbacher, der Direktor der Polytechnischen Schule Karlsruhe und einer der Begründer des wissenschaftlichen Maschinenbaues,[14] oder der Hannoveraner Karmarsch[15] der führende deutsche Technologe um die Jahrhundertmitte, hervorgehoben, es gelte gewissermaßen ein Gleichgewicht zu erreichen zwischen mathematisch-naturwissenschaftlichen Kenntnissen und Methoden und dem technisch-konstruktiven Wissen und Vermögen, das sie weitgehend als eine freischöpferische Tätigkeit ansahen und hatten sie betont, daß mit mathematischen und mechanischen Prinzipien allein keine wirklich ausgeführten Konstruktionen zu erzielen waren, so trat seit den 60er Jahren zunehmend die rein theoretische Betrachtungsweise technischer Probleme in den Vordergrund. Verwissenschaftlichung der Technik, das hieß jetzt insbesondere eine häufig einseitige Mathematisierung voranzutreiben und die technische Praxis und Empirie sorgfältig zurückzudrängen als Ausweis des akademischen Ranges. Es mußte der Nachweis geführt werden, wie Franz Reuleaux, zeitweilig einer der einflußreichsten deutschen Ingenieur-Professoren, erklärte, daß technische Erfindungen wissenschaftlich lehrbar und deshalb hochschulfähig seien. Es galt entsprechend der universitären Norm zu beweisen, so formulierte er, daß in den technischen Wissenschaften die gleichen intellektuellen Operationen einführbar seien, mit denen man auch an der Universität die Forschung

---

14 Vgl. F. Grashof, Redtenbachers Wirken zur wissenschaftlichen Ausbildung des Maschinenbaues, 1866.
15 Vgl. K. H. Manegold, Die Entwicklung der Technischen Hochschule Hannover zur wissenschaftlichen Hochschule, in: W. Treue (Hg.), Naturwissenschaft, Technik und Wirtschaft im 19. Jahrhundert, Teil 1, 1975, S. 185 ff.

betreibe, daß sie gleichrangig sei auch mit den Maßstäben der gelehrten Bildung gemessen, und er betonte die Verschiedenheit der Formen und Ziele von Hochschule und Praxis.[16] Die umfassenden Maschinentheorien, wie sie etwa mit den Namen Grashof, dem Nachfolger Redtenbachers, oder Reuleaux verbunden waren, sollen nur als Beispiele genannt werden. Das Ziel hieß jetzt wissenschaftliche Emanzipation durch theoretische Fundierung der Technik, wobei Verwissenschaftlichung zugleich die akademische Konsolidierung der Technischen Hochschule bedeutete. Seit den 60er Jahren wurde es üblich, wissenschaftlich hervorragende Vertreter der Naturwissenschaften, vor allem der Mathematik, zu berufen. Auf das damit verbundene Problem der gesteigerten Vorbildungsvoraussetzung für den Eintritt in die Hochschule kann hier nur hingewiesen werden. Es ist stets im Widerstreit zwischen sachlichen Erfordernissen und Prestigegründen diskutiert worden, fand seine Regelung unter Einfluß des staatlichen Berechtigungswesens und stand im direkten Zusammenhang mit dem Gleichberechtigungskampf von humanistischer und realistischer höherer Schulbildung.

Im ersten Jahrzehnt nach der Reichsgründung kam die organisatorische Entwicklung zu wissenschaftlichen Hochschulen zu einem bestimmten Abschluß. Die Auswirkungen der Wirtschaftskrise der 70er Jahre hatten die Bedeutung der technischen Bildung auf besondere Weise aktualisiert und in das öffentliche Bewußtsein gehoben. Sie ist auch im Zusammenhang von Organisation und Politisierung industrieller Interessenverbände und der Patentbewegung zu sehen und nicht zuletzt vor dem Hintergrund der wichtigen wirtschaftspolitischen Neuorientierung jener Jahre zu werten. Bis zum Jahre 1880 erhielten alle deutschen Polytechnika amtlich die Hochschulverfassung. Wenn dabei auch von der ersehnten Gleichstellung mit den Universitäten nicht gesprochen werden konnte, die darauf abzielenden Bestrebungen standen, in Verbindung mit der sich vernehmlicher artikulierenden Standesbewegung der Ingenieure jetzt erst recht im Vordergrund, deren soziale Selbstwertproblematik und deren gesellschaftliches Bild abhängig erschien von der sozialen und wissenschaftlichen Einschätzung und Anerkennung ihrer Bildungsstätte.

Im Hinblick auf die erstrebte wirtschaftlich-industrielle Entfaltung, die in Deutschland allgemeiner erkennbar wurde, stellte Robert von Mohl Ende der 30er Jahre des 19. Jahrhunderts in einer Art soziologischer Analyse fest, daß innerhalb der gesellschaftlichen Gruppierungen sich ein neuer Stand bemerkbar mache, der eigentlich nicht mit den herkömmlichen Kategorien sozialer Einteilung, wie der Unterscheidung zwischen den gebildeten Ständen und den ungebildeten erfaßt werden könne. Es sei dies, wie er formulierte, die anwachsende Gruppe der jetzt so notwendigen Maschinen-

---

16 F. Reuleaux, Lehrbuch der Kinematik, 1875 ff.

baumeister, Dirigenten großer technischer Unternehmungen und Fabrikleiter, die nicht länger zu den Handwerkern gerechnet werden könnten, zu jenen, die nur mit ihren Händen der Gesellschaft dienen, ohne daß sie deshalb andererseits doch eine Klasse mit den theoretisch Gelehrten, den Gebildeten im akademischen Sinne ausmachten.[17] Mohls Befund bedeutete zu dieser Zeit längst keine singuläre Feststellung mehr. Friedrich List hatte schon einige Jahre zuvor im Rotteck-Welckerschen Staatslexikon, der Bibel des frühen Liberalismus, gefordert, die „höheren Gewerbstechniker Deutschlands" müßten sich in ähnlicher Weise verbinden und organisieren wie das die deutschen Naturforscher und Ärzte bereits getan hätten.[18] Für die hier angesprochene berufsinhaltlich nicht sehr präzise umschriebene Gruppe, von der sozialgeschichtlich von Anfang an nur feststand, daß sie oberhalb des Handwerks rangierte, war die Bezeichnung „Ingenieure" bis zur Jahrhundertmitte noch keineswegs allgemein gebräuchlich. Bis dahin stand in Literatur und Sprachgebrauch die militärische Bedeutung des Wortes im Vordergrund. Holländischem und vor allem französischem Vorbild folgend hatte es sich seit Beginn des 17. Jahrhunderts im Zusammenhange mit der Heeresentwicklung auch in Deutschland eingebürgert und war seitdem ganz überwiegend die Bezeichnung für den Kriegs- und Festungsbaumeister. Wie der Begriff „Technik" im Sinne der rationellen industriellen Technik und „Techniker", jedenfalls in Deutschland erst seit den 20er Jahren zunehmend gebräuchlich wurde,[19] so nannte man bis dahin den Zivilisten, der das Bau- und Maschinenwesen beherrschte, nur selten „Ingenieur".[20] In Frankreich war es seit Anfang Anfang des 18. Jahrhunderts mit der Organisation der militärischen Ingenieurcorps zur genaueren Umschreibung des Berufes gekommen, die zugleich zur ersten Differenzierung und Spezialisierung im Ingenieurwesen führte und entsprechend den staatlichen, militärischen und merkantilistischen Bedürfnissen des ancient regime zur Begründung der berühmten französischen Spezialschulen.[21] In mancher Hinsicht gehörte in die Gründungstradition dieser Institute auch noch die 1794 errichtete École Polytechnique in Paris. Als Errungenschaft der Revolution stellte sie aber für die Ingenieurausbildung und die Entfaltung der rationellen, mathematisch-naturwissenschaftlich begründeten Technik zugleich einen Wendepunkt dar, der – insbesondere von Deutschland aus gesehen – vor-

---

17 R. von Mohl, Die Polizeiwissenschaft nach den Grundsätzen des Rechtsstaates, Bd. 1, 2. A., Tübingen 1844.
18 Staatslexikon, Bd. 4, 1837, S. 676 f.
19 Vgl. W. Seibicke, Technik. Versuch einer Geschichte der Wortfamilie in Deutschland vom 16. Jahrhundert bis etwa 1830, 1968.
20 H. Schimank, Das Wort „Ingenieur". Abkunft und Begriffswandel, in: Zs. d. VDI, Bd. 83, 1939, S. 325 ff.
21 Vgl. Ecole Polytechnique. Livre du Centenaire, Paris 1898.

ausdeutete auf die Entwicklung des 19. Jahrhunderts. Über den akademischen Rang und die wissenschaftliche Bewertung der französischen staatlichen Anstalten konnten ebensowenig Zweifel bestehen wie über das besonders hohe Sozialprestige ihrer ausschließlich in den Militär- und Staatsdienst eintretenden Absolventen. Seit der Mitte des 18. Jahrhunderts wurde in Frankreich der Begriff „Ingenieur" zur klaren Abgrenzung zumeist mit dem Attribut „civil" versehen, auch zur Bezeichnung eines nichtmilitärischen Berufes, der nicht von bestimmten Ausbildungsqualifikationen abhängig sein mußte. Zur gleichen Zeit bildete sich im industriell fortschrittlichen England unter der Bezeichnung Civil-Ingeneers eine nichtmilitärische und nichtbeamtete Berufsgruppe heraus, die sich seit 1770 in Berufsassoziationen organisierten, wie in der Society of Civil-Ingeneers oder etwas später der Institution of Civil-Ingeneers. Hier war man früh bemüht zur Abgrenzung und Definition des neuen Berufsstandes zu kommen, zu einem umschreibbaren Berufsbild, ohne daß dabei naturgemäß bereits von Akademisierung gesprochen werden konnte. Hier war nun von einem militärtechnischen Bereich nicht mehr die Rede — vielmehr von einem ganz dem Fortschritt verpflichteten, umfassenden technisch-industriellen Aufgabenbereich.

In Deutschland gab es bis etwa zur Jahrhundertmitte keine solchen Organisationen, und erst mit ihrem Aufkommen nach 1850 setzte sich auch hier die Berufsbezeichnung „Ingenieur" für jenen civilen sog. „höheren" Techniker allmählich durch, der über Kenntnisse verfügte, die über eine rein handwerkliche Empirie hinausreichten oder der eine entsprechende Ausbildung absolviert hatte und in der industriellen Betriebs-Hierarchie eine leitende Stellung innehatte oder als Fabrikant selbst Ingenieur-Unternehmer war. Der Beruf des Civil-Ingenieurs als freiberufliche Tätigkeit, etwa als beratender Ingenieur, tritt im Gegensatz zum älteren Architekten erst seit den 70er Jahren in Deutschland greifbarer hervor. Nach dem Vorbild der englischen Ingenieur-Gesellschaften kam es, nicht zufällig zuerst in Wien, um die Jahrhundertmitte verschiedentlich zur Gründung von, meist lokalen, Ingenieur-Vereinen. Darüberhinaus war ebenso die seit 1848 erscheinende Zeitschrift „Der Civil-Ingenieur", seit 1853 unter dem Titel „Der Ingenieur — Zeitschrift für das Ingenieurwesen", eine der ersten technisch-wissenschaftlichen Zeitschriften in Deutschland überhaupt, ein Indiz dafür, daß die Ingenieure begannen, die Gemeinsamkeiten ihres berufsinhaltlichen Bereiches, aber auch ihres sozialen Selbstverständnisses klarer zu erkennen, sich ihrer „Standwerdung" im Sinne jener eingangs zitierten Formulierungen Robert von Mohls bewußter zu machen. In den ersten Nummern dieser Zeitschrift wurde wiederholt die Frage gestellt, was ist ein Ingenieur? Und Max Maria von Weber, einer der führenden Eisenbahn-Fachleute in den 50er Jahren, hatte hier eine durchaus gültige, zugleich charakteristische „Standortbestimmung" zu geben versucht. Er hatte hier dargelegt, daß dieser neue Berufsstand „mitten inne stehend zwischen dem Stande der Gelehrten, der Künstler, der Kaufleute und Gewerbetreibenden, allen verwandt und doch von allen durch das ihm inne wohnende eigene Element geschieden, von den alten Ständen als unbequemer Neuling betrachtet, eine Weltstellung" einnehme, deren „Mißlichkeit und Unsicherheit" ganz außer Verhältnis zu dem Gewichte stehe, daß er jetzt und künftig im „Völkerleben" repräsentiere.[22] Vor allem aber hatte Weber hier mit Entschiedenheit festgestellt, daß nur durch Bildung und Ausbildung und durch entsprechende Prüfungen der Stand der Ingenieure genauer abzugrenzen, beruflich und sozial sicher zu begründen und zu erhalten sei. Gymnasiale Vorbildung, akademische Fachstudien und Staatsprüfungen sah er deshalb als notwendig an. Es war die Erkenntnis, daß Ausbildungsqualifikation und Bildungskriterien konstitutiv sein mußten für die berufliche wie gesellschaftliche Gruppierung. Wie uneinheitlich und unsicher tatsächlich das Berufsbild war, ging etwa daraus hervor, daß die frühen Mitglieder des im Jahre 1856 gegründeten Vereins Deutscher Ingenieure so unterschiedliche Berufsbezeichnungen trugen wie Ingenieur, Techniker, Lehrer, Professor, technischer Dirigent, aber auch schlicht Maurermeister und Zimmermeister. Der VDI als rasch aufblühender, bald mitgliederstärkster Standesverein der Ingenieure, mit durchaus der Gesellschaft deutscher Naturforscher und Ärzte vergleichbaren, nicht zuletzt nationalpolitischen Zwecksetzungen, erstrebte — wie es programmatisch hieß — „ein inniges Zusammenwirken der geistigen Kräfte deutscher Technik zur gegenseitigen Anregung und Fortbildung im Interesse der gesamten deutschen Industrie," zugleich mit dem Ziel „die Technik neben Wissenschaft und Kunst als eine gleichberechtigte Errungenschaft des Geistes" ebenso zur Geltung zu bringen wie die davon nicht zu trennenden sozialen Aufstiegsbestrebungen ihrer Vertreter.[23] Die Fragen von Bildung und Ausbildung der Ingenieure blieben von daher fortan ein konstitutiver Punkt des Vereinsinteresses. Wie vergleichbare Organisationen in Österreich aus den Reihen ehemaliger Studenten des Wiener Polytechnischen Institutes, so war auch der Verein Deutscher Ingenieure aus der Verbindung ehemaliger Absolventen des Berliner Gewerbeinstitutes hervorgegangen. Tatsächlich kommt den Polytechnischen Schulen für die Entstehung der Ingenieure als Berufsgruppe die entscheidende Rolle zu. Sie hatten in Deutschland seit der Jahrhundertmitte als institutionalisierte Bildungsstätten der Ingenieure einen festen Standort gewonnen, während etwa die älteren Bergakademien als die frühesten Anstalten technisch-wissenschaftlicher Lehre demgegenüber nur von sehr eingeschränkter Bedeutung gewesen sind.

22 M. M. von Weber, Über Bildung der Techniker und deren Prüfung für den öffentlichen Dienst, in: Der Ingenieur. Zs. f. d. gesamte Ingenieurwesen, 1854, S. 99 ff.
23 Zs. d. VDI, 1857, S. 1 ff.

Während man die Polytechnischen Schulen und Technischen Hochschulen vielfach als „Schlosserakademien" bezeichnete oder bestenfalls, was sie nicht weniger traf, als aufblühende Fachschulen ansah, wurden die Ingenieure häufig genug als „höhere ouvriers" eingestuft. Sie mußten sich nach ihrer eigenen Überzeugung auf dem Felde sozialer Geltung erst gegen den beharrenden Widerstand der älteren akademischen Berufsstände und gegenüber den vom Bildungsbürgertum geprägten gesellschaftlichen Auffassungen durchsetzen, um von der antitechnischen Kulturkritik genährte Vorurteile und bestehende staatliche Verwaltungspraktiken zu überwinden. Zweifellos war die soziale Bewertung der Ingenieure nicht vergleichbar mit der des Juristen, des Arztes oder der Philologen. Der an der Polytechnischen Schule Dresden tätige führende Mathematiker und Ingenieur Schloemilch schilderte diese Verhältnisse im Jahre 1868 in einer Eingabe an die sächsische Regierung.[24] In der tonangebenden gebildeten Gesellschaft unserer Zeit gilt der Ingenieur als Parvenü und unberechtigter Eindringling in den Kreisen der wahrhaft gebildeten. „Dieser traurige Zustand", so legte er dar, erkläre sich nicht aus Unkenntnis der zumeist geleugneten wissenschaftlichen Grundlagen der Technik, denn die Gesellschaft verstehe in der Regel ebensowenig von den wissenschaftlichen Grundlagen des Rechts oder der Medizin. Seine Feststellung, Anerkennung werde höchstens den Ingenieurwerken aber nicht deren Urheber zuteil, wurde zu immer wieder vorgebrachten Klage in dem als „Kampf des Ingenieurs um Anerkennung in Staat und Gesellschaft" betrachteten und so bezeichneten Aufstiegsbestrebungen, die am Ende des Jahrhunderts zuweilen agitatorische Züge annahmen. Seit den 70er Jahren wies man immer wieder mit zunehmend nationalen Akzent auf die ungleich größere Anerkennung hin, die in England und Frankreich dem Ingenieur entgegengebracht werde, wo es vermeintlich keine Hindernisse zu einer sozialen Integration gab. Man verwies insbesondere auf die Rolle des Ingenieurs im öffentlichen Leben Frankreichs, wo man sie unter den höchsten Beamten, führenden Politikern und in der Regierung fand, während in Deutschland die Vertretung der Technik in den Parlamenten, wie etwa Georg Biedenkapp feststellte: „fast so gut wie Null"[25] sei und der Ingenieur in der Behördenorganisation für die technischen Staatsdienste bestenfalls mittlere Positionen erreichen könne, stets aber hinter den Juristen rangiere. Die ständige Polemik gegen „Assessorismus" und Juristenmonopol gipfelte seit den 80er Jahren in der Forderung nach Zulassung der Ingenieure in den höheren Verwaltungsdienst und der Ausbildung von Verwaltungsingenieuren. Dies alles wurde insgesamt häufig genug gleichgesetzt mit Ansehen und Bewertung der Industrie schlechthin. Werner Siemens, Ehrenmitglied

24 Vgl. 125 Jahre Technische Hochschule Dresden, 1953, S. 41.
25 Der Ingenieur. Seine kulturelle, gesellschaftliche und soziale Bedeutung, 1910, S. 25.

des VDI, akzentuierte in seiner bekannten Denkschrift zum Patentwesen im Jahre 1876 an Bismarck solche Argumente mit besonderem Nachdruck. „Bei uns ist im Staatsorganismus im Gegensatz zu den westeuropäischen Industrieländern kein Platz für den Ingenieur", urteilte er und stellte das Fehlen einer reichsgesetzlichen Regelung des Patentwesens als Indiz für die Mißachtung der Ingenieurarbeit und der industriellen Interessen hin.[26] In den auch eine große Öffentlichkeit berührenden Auseinandersetzungen, die dem Reichspatentgesetz von 1877 vorangingen, wurden nach den sozialrelevanten Wertkategorien der vorherrschenden Bildungsauffassungen Erfinder und Ingenieure als bloße Vollstrecker eines immanenten, von selbst vor sich gehenden technischen Fortschritts angesehen, die sich deshalb nicht wie der Künstler und Schriftsteller auf ein Prinzip des „geistigen Eigentums" berufen könnten, und das Patentgesetz ist dann auch nicht auf Grund dieser juristischen rechts-theoretischen Konstruktion des „geistigen Eigentums", sondern rein auf Grund wirtschafts- und nationalpolitischer Argumentation erlassen worden.[27] Die bloßen Erfinder und Entdecker im gewerblichen Fach, so hatte, wenn auch nicht im Zusammenhang mit der Patentfrage, kein geringerer als Jakob Burckhardt geschrieben, seien eigentlich stets austauschbar und ersetzlich, weil sie es nicht mit dem Weltganzen zu tun hätten im Gegensatz zum Schriftsteller, Künstler und wahren Wissenschaftler.[28] Für die amtliche Einschätzung und soziale und wissenschaftliche Bewertung der Ingenieurbildung war in Preußen der Übergang der Technischen Hochschulen in den Amtsbereich des Kultusministeriums 1879 ein höchst wichtiger Vorgang. Die Ingenieure empfanden es als diskriminierend, als einen „unbegreiflichen und beschämenden Zustand", wie der VDI schon in den 60er Jahren erklärte und nach der Reichsgründung immer nachdrücklicher in Resolutionen und Anträgen vorbrachte, daß in Preußen das Technische Hochschulwesen vom Handelsministerium ressortierte, was aus seiner Entstehung begreiflich war und, wie man dabei betonte, trotz des hier zugrunde liegenden allgemeinen Kulturinteresses nicht wie die Universitäten vom Kultusministerium.[29] Es ging dabei letztlich darum, ob die Technischen Hochschulen als reine Fachausbildungsanstalten oder als allgemein wissenschaftliche Institute anzusehen waren, damit um die Frage nach ihrer Zuordnung zu den Universitäten. Kultusminister Falk nahm dies und die Ablehnung eines Antrages der Hochschulen, ihren Professoren-Titel und Amts-Charakter von ordent-

26 Vgl. K. H. Manegold, s. Anm. 6a, S. 79 ff.
27 Vgl. K. H. Manegold, Der Wiener Patentschutzkongreß von 1873, in: Technikgeschichte, Bd. 38, 1971, S. 158 ff; ders., Vom Erfindungsprivileg zum „Schutz der nationalen Arbeit", in: Zeitschrift der Technischen Hochschule Hannover, H. 2, 1975, S. 12 ff.
28 In seinen „Weltgeschichtlichen Betrachtungen" (hier: Berlin 1960, S. 183)
29 Vgl. hierzu aus den Akten, K. H. Manegold, s. Anm. 6a, S. 70 ff.

lichen Professoren zu verleihen und sie damit dienstrechtlich mit den Universitäts-Professoren gleichzustellen, zum Anlaß einer grundsätzlichen Klärung. Er verneinte die Wissenschaftsmöglichkeit der Technik und die Wissenschaftlichkeit der Ingenieur-Ausbildung in den technischen Fächern aus prinzipiellen Gründen und bewegte sich dabei in seiner Argumentation ganz in dem Schema idealistisch-neuhumanistischer Kategorien einer Unvereinbarkeit von „bloßer Fachausbildung" und „Bildung durch Wissenschaft", wobei er eine um ihrer selbst willen betriebene Wissenschaft der Technik als Sammlung mechanischer Ausführungsregeln und als rein praxisbezogene Anwendung bestimmter naturwissenschaftlicher Ergebnisse in grundsätzlicher Trennung gegenüberstellte. Das kennzeichnete in der Tat die noch für lange Zeit geltenden Auffassungen. Noch um die Jahrhundertwende konnte man juristischen Kommentaren zu Dienstrecht und Amtsverhältnissen der Hochschullehrer entnehmen, daß die Technik nicht Wissenschaft sei, sondern „Kunst in Anwendung auf die Bedürfnisse des praktischen Lebens", daß sie deshalb von der verfassungsmäßigen Freiheit der wissenschaftlichen Forschung nicht mitgedeckt sei und den Professoren der technischen Fächer daher im Unterschied zu den Vertretern der Wissenschaft nur eine reine Unterrichts- und Ausbildungsaufgabe obliege.[30] Wenn die preußischen Technischen Hochschulen dann doch in das Kultusressort übergingen, so lag dies weniger an einer veränderten Einstellung des Ministeriums, sondern fand seinen Grund in der dann bekanntlich nach Bismarcks Intentionen 1879 erfolgenden Teilung und Umorganisation des Handelsministeriums und nach dem Sturz Falks. Eine weitgehende dienstliche Gleichstellung der Technischen Hochschul-Professoren mit ihren Kollegen an den Universitäten wurde erst 1892 auf energisches Drängen Kaiser Wilhelms erreicht.

Ebenso konstant wie die Überzeugung von der mangelnden gesellschaftlichen Anerkennung blieb im Grunde als Rezept dafür, was man selbst für eine Überwindung dieses Zustandes tun könnte, die eigene Forderung nach größerer allgemeiner Bildung, entsprechend nach Ausbau der Technischen Hochschulen in den sog. Bildungsfächern, das hieß Philosophie, Kunst und Literaturwissenschaft und Geschichte und nach strengerem Corpsgeist der Ingenieure. Redtenbacher, nicht nur eine frühe Autorität seines Faches, sondern auch einer der ersten bedeutenden Ingenieure, die bewußt über ihr engeres Fachgebiet hinausblickten, hatte schon im Jahre 1840 im Hinblick auf die Ursachen dieses geringen Prestiges festgestellt: „Wenn die Gesellschaft den gegenwärtigen Zustand der Industriellen roh nennen, so haben sie recht", und er hatte betont, daß es der Polytechnischen Schule nicht nur um die Entwicklung der technischen Wissenschaf-

---

30 Vgl. etwa C. Bornhack, Die Rechtsverhältnisse der Hochschullehrer in Preußen, 1910.

ten, sondern, wie er formulierte, überhaupt um die „Kultur des industriellen Publikums" gehen müsse,[31] und er hatte selbst für die Aufnahme der Bildungsfächer an seiner Anstalt gesorgt. Es galt also für die Ingenieure an jenen gesellschaftlich honorierten Bildungsgütern stärker teilzuhaben, in deren Namen sie sich gerade mißachtet und unterbewertet fühlten, um damit die meinungsbildende, bildungsbürgerliche Geringschätzung zu überwinden. Wenn das Bürgertum seine Einheit vor allem im geistigen Bereich zu finden suchte und in der Bildung das Hauptinstrument seiner Emanzipation sah, so mußte der Kampf um Aufstieg und soziale Anerkennung nicht zuletzt auf diesem Felde geführt werden. „Wir erklären, daß die deutschen Ingenieure für ihre allgemeine Bildung dieselben Bedürfnisse haben und derselben Beurteilung unterliegen wollen, wie die Vertreter der übrigen Berufszweige mit höherer wissenschaftlicher Ausbildung", so lautete denn auch eine entsprechende, immer erneut vorgetragene Resolution des Vereins Deutscher Ingenieure. Die Stellung der Unternehmer und der Industrie selbst zu dieser Bildungsfrage war nicht ganz so eindeutig zu umreißen. Jürgen Kocka zitiert in seiner Untersuchung über Unternehmensverwaltung und Angestelltenschaft am Beispiel der Firma Siemens die Äußerungen von Karl Siemens,[32] damals Leiter des Londoner Zweiges der Firma aus dem Jahre 1880. Dieser beklagte in einem Brief an seinen Bruder Werner in Berlin die mangelnde Allgemeinbildung seines technischen Personals. Gesellschaftliche Zurückweisung hätten deshalb die Geschäfte in England besonders bei den dortigen Staatsbeamten beeinträchtigt, und er hatte vorgeschlagen, gebildete Leute zu engagieren, „Gentlemen, um endlich von den aufgedienten Mechanikern loszukommen". Mochten – zumal in größeren Unternehmungen – also offensichtlich auch gesellschaftliche Erwartungen und Einstellungen auf eine höhere Allgemeinbildung der Ingenieure abzielen, so charakterisierte doch andererseits die Antwort von Werner Siemens die zwiespältige Auffassung der Industrie in diesem Punkte, wenn es in seiner Antwort hieß: „Die Spezialbefähigung, wie wir sie brauchen, ist von Bildung ziemlich unabhängig". Im engeren Sinne technisch-fachliche Befähigung blieb für die Bedürfnisse der Industrie naturgemäß das wichtigere Kriterium. Auch schulisch wenig gebildete Empiriker konnten auf Grund persönlicher Qualifikation in der Betriebs-Hierarchie zu Stellungen aufsteigen, die auch von akademisch qualifizierten Ingenieuren besetzt wurden. Das soziale Maßstäbe setzende staatliche Berechtigungswesen mit formalen Bildungs- und Zulassungskriterien konnte naturgemäß von der Industrie nicht übernommen werden. Und hier mußte auch die Grenze für die Bestrebungen der Ingenieure erkennbar werden, ihre soziale Stellung ausschließlich durch akademische

---

31 Vgl. R. Redtenbacher, Erinnerungsschrift an Friedrich Redtenbacher, 1879, S. 33.
32 1969, S. 169 f.

Prüfungen und Titel zu bestimmen. In der Konkurrenzsituation der Industrie behielt die individuelle Leistungsfähigkeit, das auch außerhalb der Bildungsinstitution erworbene Leistungswissen, die Möglichkeit sich durchzusetzen, ungeachtet dessen, daß die akademisch-wissenschaftliche Qualifizierung hier an Bedeutung ständig zunahm.

Auch die Standesvereinigungen der Ingenieure, insbesondere der Verein Deutscher Ingenieure, hatten es entsprechend schwer, bestimmte formale akademische Ausbildungskategorien zur Voraussetzung für den Erwerb ihrer Mitgliedschaft zu machen. Dies zeigt zugleich, welche Schwierigkeiten und Probleme der Einführung eines freilich immer wieder geforderten gesetzlichen Titel- und Berufsschutzes für die Bezeichnung Ingenieur entgegenstehen mußten. Die Zusammensetzung des VDI blieb entsprechend heterogen. Seine frühe Satzung definierte als mögliche Mitglieder ausübende Techniker, Lehrer der technischen Wissenschaften und Besitzer technischer Etablissements. Aber nicht nur die Bildungsfrage erwies sich als wichtig für eine soziale Standortbestimmung, auch anderen Kriterien genügten die Ingenieure ganz überwiegend nicht. Sie waren in ihrer ständig zunehmenden Mehrzahl weder Selbständige noch Staatsbeamte, mochte ihr innerbetrieblicher Status ihnen den Vergleich mit den Beamten auch nahelegen, sondern sie befanden sich zum weitaus größten Teil von Anfang an in einem abhängigen, höchst unterschiedlich dotierten Angestelltenverhältnis. Sie schienen auch deshalb mit den traditionellen akademischen Berufen schwerer vergleichbar zu sein, obwohl sie andererseits selbst eben nur die Möglichkeit sahen und stets die Notwendigkeit betonten, in den Kreis dieser akademischen Berufe integriert zu werden und sich mit jener sozialen Position zu identifizieren. Aus der Feststellung, daß die Ingenieure auf der Grundlage ihrer speziellen Ausbildung kein eigenes gesellschaftliches Bewußtsein zu entwickeln vermochten, haben manche Soziologen die These abgeleitet, sie hätten deshalb die Maßstäbe ihrer Selbsteinschätzung von anderen sozialen Gruppen übernommen. Bahrdt und nach ihm Hortleder haben in diesem Zusammenhange von dem geliehenen oder verkürzten Bewußtsein der technischen Intelligenz gesprochen und daraus entsprechende Folgerungen, etwa für ihr politisches und soziales Verhalten gezogen.[33] Der Historiker wird darauf hinweisen müssen, daß es sich hier um ein sozialgeschichtlich weitgehend unbebautes Feld handelt, und daß wir in mancher Hinsicht über den Bauern des 15. und 16. Jahrhunderts mehr Kenntnisse haben und besser Bescheid wissen, als über den Ingenieur des 19. Jahrhunderts.

Die rasche Expansion der Industrie in der Periode der Hochindustrialisierung seit den 80er und in den 90er Jahren machten immer stärker die

---

33 Vgl. G. Hortleder, Das Gesellschaftsbild des Ingenieurs. Zum politischen Verhalten der technischen Intelligenz in Deutschland, 1970.

Probleme der Ingenieurausbildung an den Technischen Hochschulen, in der sich die Spannungen zwischen Wissenschaft und Technik spiegelten, zum Gegenstand schwerwiegender Diskussionen und Auseinandersetzungen. Beziehungen zur industriellen Praxis traten in ständig neuer Gestalt an Ingenieure und Hochschule heran, ließen Lehrinhalte und Methoden nicht als abgeschlossen erscheinen, versetzten die Hochschulen in die schwierige Lage, mit einem allein von der Industrie angegebenen Tempo des technischen Fortschritts mithalten zu müssen und vermittelten ihnen den Eindruck, in ihren zumeist rein theoretischen Ansätzen stets dem in der Industrie praktisch bereits Ausgeführten hinterherzulaufen. Das alles führte vor allem seit Beginn der 90er Jahre zu einer fortdauernden Entwicklungsunruhe an den Hochschulen und sollte noch vor dem Ende des Jahrhunderts durchgreifende Änderungen in ihrem Lehr- und Wissenschaftsbetrieb, wie in ihrer äußeren akademischen Stellung zur Folge haben. Steigende Spezialisierung und Auffächerung macht sich vor allem bemerkbar. Waren um 1870 durchschnittlich etwa 50 bis 60 technisch-naturwissenschaftliche Lehrgebiete an den Technischen Hochschulen vertreten, so waren es 1880 mehr als 100, 1890 an die 200 und 1900 an der Technischen Hochschule in Berlin mehr als 350, und in diesem Zusammenhange stellte sich das Wissenschaftsproblem der Technik brennender als zuvor in ihrer bisherigen Geschichte. Ausgelöst von den kritischen Forderungen und neuen Bedürfnissen der Industrie, wo man längst begonnen hatte, firmeneigene Versuchslabors einzurichten und bewußt eine industrieeigene, unmittelbar praxisorientierte Forschung zu betreiben, ergaben sich wichtige Veränderungen in den technisch-wissenschaftlichen Auffassungen und im Verhältnis von Wissenschaft und Technik. Lange Zeit hindurch war die deutsche Industrie weitgehend durch Übernahme des westeuropäischen technischen Standards charakterisiert gewesen. Seitdem begann sich die Erfindungs- und Innovationsstruktur zu wandeln. Die in vielen Großbetrieben bald an Bedeutung gewinnende Erfindungs- und Entwicklungsarbeit wurde zum arbeitsteiligen, systematisch und bald mit großem Aufwand betriebenen Prozeß. Es entstand an den Hochschulen eine zunehmend stärker konstatierte Kluft zu den, wie es jetzt kritisch hieß, nach einer „universitären" Betrachtungsweise orientierten mathematisch-naturwissenschaftlichen Grundlagenfächern und den Forderungen der von der Industrie herausgeforderten, nun auf stärkeren und eigenständigen Praxisbezug drängenden technischen Disziplinen, unter Zurückdrängung der bis dahin allein vorherrschenden Theoretisierungstendenzen. Die hieraus entstandenen, nicht nur im Hinblick auf die Wissenschaftsgeschichte der technischen Fächer bemerkenswerten prinzipiellen Auseinandersetzungen müssen hier übergangen werden. Wichtig war, daß sich die Ingenieure bewußter gegen die Auffassung wehrten, daß nur in dem Grad der Anwendung von Mathematik und Naturwissenschaften die Wissenschaftlichkeit ihrer Arbeit zu begründen sei. Der Ingenieur sehe sich vor einen wissenschaftlichen Bankrott gestellt, so hieß es, wenn wissenschaftlich lediglich soviel wie Mathematisierung und einseitig mathematisch-naturwissenschaftlich bedeute, „die Technische Hochschule den Technikern", so lauteten die Parolen.

Im Lehrbetrieb der Hochschulen, denen amtlich nur ein reiner Ausbildungszweck zugeschrieben wurde, hatte es bis dahin im wesentlichen nur theoretische Vorlesungen, Konstruktionsübungen am Reißbrett und Demonstrationsvorträge mit Modellen gegeben. Wie an den Universitäten bestand nur für die Studenten der Chemie die Möglichkeit zur selbständigen Arbeit und zu Versuchen. Eine besondere technisch-experimentelle Forschung war hier noch wenig entwickelt, Experimental-Unterricht, selbsttätige wirklichkeitsnahe Übungen noch kaum üblich. Ausgehend von den angedeuteten Entwicklungen und Forderungen der Industrie setzten sich jetzt erst an den Hochschulen auf akademischer Ebene allgemeiner die Folgerungen aus der Erkenntnis durch, daß in den technischen Fächern spezifisch experimentelle Lehre und Forschung nötig waren, daß es hier dabei aber der Entwicklung entsprechender eigener, von den Naturwissenschaften verschiedener Methoden bedurfte, systematischer Versuche und Messungen an Maschinen und Materialien in natürlichem Maßstabe und unter der Vielfalt von Bedingungen, die dem wirklichen Betrieb industrieller Praxis entsprachen, und daß hierzu besondere Laboratorien, Meß, Versuchs- und Prüfungseinrichtungen, apparative Mittel im großen Maßstabe nötig waren. Gerade im Hinblick auf die entsprechenden Einrichtungen in der Industrie war es gemeint, wenn jetzt erklärt wurde, die Technischen Hochschulen müßten die Führung in einer technischen Forschung übernehmen, oder aufhören, Hochschulen genannt zu werden. Im Rahmen dieser hier nur anzudeutenden Wandlungen ist es seit Mitte der 90er Jahre auf Grund sehr massiver wirtschaftspolitischer Argumentation mit dem Hinweis auf die Bedürfnisse der Industrie und ihrer Konkurrenzsituation gegenüber dem Ausland an den deutschen Technischen Hochschulen auf Grund wirtschaftspolitisch motivierter wissenschaftspolitischer Entscheidungen sehr rasch zum Aufbau von entsprechenden Lehr- und Forschungseinrichtungen in weitem Umfange gekommen. Damit erst erhielt die Technische Hochschule ihre moderne Gestalt.

Aufgabe und Stellung der Hochschulen wurden von ihren Leistungen her zunehmend stärker politisch bewertet, zu einem Zeitpunkt, da der industrielle Sektor der Wirtschaft endgültig das Übergewicht zu erlangen begann und die deutsche Politik in die Bewegung des europäischen Imperialismus einschwenkte. Tatsächlich bedeutete dies einen wichtigen Einschnitt in der Hochschul- und Technikgeschichte. Hier kulminierten die Entwicklungen seit Prechtl, Redtenbacher und Karmarsch. Erst in diesem

Zusammenhange wurde nun auf neuen Grundlagen Systematik und Methoden der technischen Fächer und der Konstruktion immer weiter durchreflektiert und in orientierender Forschung entwickelt, mit dem Ergebnis, daß die rationale, die eigenständige wissenschaftliche Struktur jedenfalls eines immer größeren Teiles des technischen Schaffens klarer zutage trat, und erst damit ist es zur Entfaltung der technischen Wissenschaften im heutigen Sinne gekommen. Der Weg dorthin, wie er im Rahmen der Ingenieurausbildung faßbar wird, erweist sich als ein wechselvoller Prozeß, in dem keineswegs nur eine oft berufene Eigendynamik, wissenschafts- oder technikimmanente Gesichtspunkte wirksam gewesen sind.

Mit der bewußten Erfassung ihrer spezifischen Forschungsaufgabe wurde für die Technischen Hochschulen zugleich ein Hauptkriterium für die erstrebte volle Gleichstellung mit den Universitäten, konstitutiv für deren normgebendes Selbstverständnis, die Einheit von Forschung und Lehre erreicht und damit auch, was den Hochschulen und Ingenieuren damals weit wichtiger erschien, die eigentliche Voraussetzung und Bedingung für das mit Macht erstrebte Promotionsrecht erfüllt.[34] Es war in den letzten Jahren vor der Jahrhundertwende von beiden Seiten jeweils zur eigenen Lebensfrage erklärt worden, für die Technischen Hochschulen das Recht zu erlangen, für die Universitäten, dies zu verhindern. Nach Auseinandersetzungen von heute schwer begreifbarer Schärfe, ist es bekanntlich den preußischen und damit allen deutschen Hochschulen im Jahre 1899 gegen den erbitterten Widerstand der Universitäten letztlich durch die persönliche, von ihm wirtschafts- und sozialpolitisch begründete, Intervention des Kaisers verliehen worden, mehr als ein halbes Jahrhundert nachdem sich die daraufzielenden Forderungen zum ersten Male erhoben hatten. So erschien das Promotionsrecht im Zusammenhang mit ihrer wissenschaftlichen Entwicklung wie im sozialen Kontext gleichsam als die Ratifizierungsurkunde der Emanzipation der technischen Wissenschaften und ihrer Hochschulen. Auch wenn die Promotion tatsächlich nur für relativ wenige erreichbar sein konnte, nach einem damals häufig gebrauchten Wort, für die „Generalstabsoffiziere der deutschen Industrie", so berührte diese Frage das Interesse aller deutschen Ingenieure doch in einem emminenten Maße. Ging es doch dabei um die „lange und schmerzlich vermißte" gesellschaftliche Anerkennung der Ingenieure, um die „Vollwertigkeit ihrer Arbeit auch mit den Maßstäben der überlieferten gelehrten Studien gemessen", wie jetzt Adolf Slaby, Professor der Elektrotechnik und persönlicher Freund des Kaisers, als ein wichtiger Sprecher der Ingenieuere formuliert hatte. Gerade dies aber wollte Wilhelm II. in seiner bekannten Vorliebe für die Technik und die Technischen Hochschulen honorieren, der den Inge-

---

34 Vgl. K. H. Manegold, Technische Forschung und Promotionsrecht, in: Technikgeschichte, Bd. 36, 1969, S. 291 ff.

nieuren in diesem Zusammenhange auch soziale Aufgaben im Hinblick auf eine, wie er meinte, Mittlerstellung zur sozialdemokratisch gefährdeten Arbeiterschaft zuwies und erklärte: „Die andere, die humanistische Richtung hat ja leider in sozialer Beziehung vollständig versagt", was wiederum seinen Stellungnahmen auf den Reichsschulkonferenzen zur Gleichstellung von Realgymnasium und humanistischem Gymnasium entsprach. Es läßt sich nicht sagen, daß die harten Auseinandersetzungen um die Gleichstellung von Universität und Technischer Hochschule am Ende des Jahrhunderts, in ihrer prinzipiellen Schärfe zweifellos eine deutsche Besonderheit, auf sehr hohem Niveau geführt wurden, das galt indessen für beide Seiten. Die Universitäten argumentierten in großer Konsequenz unbeirrt und unverändert im Sinne jener mehrfach zitierten Antinomien, die im Streit um den sozialen und wissenschaftlichen Standort der technischen Anstalten seit ihrer Gründung ins Feld geführt worden waren. Bemerkenswert war hier eher, daß — wie schon betont — auch die dort vertretenen Naturwissenschaften sich da ganz überwiegend einfügten. Während man an den Technischen Hochschulen mit gesteigertem Selbstbewußtsein den in bezug auf ihre Stellung zur Technik ebenfalls schon im Vormärz erhobenen Vorwurf von der sozialen Blindheit der Universitäten erneuerte, die eigenen Leistungen als „nationale" Leistungen und die Ingenieure als „Pioniere deutscher Geltung und Kultur" apostrophierte. Tatsächlich war deren Prestige-Aufstieg seit der Reichsgründung in diesen Zusammenhängen unverkennbar. Konstanten Klagen gesellschaftlicher Unterbewertung verbanden sich hier mit der Argumentation einer anzustrebenden sozialen Herrschaft des Ingenieurs, die an spätere Technokratievorstellungen erinnerten.

Mit Rangangleichung und Promotionsrecht war der als Konzession an die Universitäten damals in deutscher Schrift zu schreibende Dr. Ing. innerhalb der Berufsgruppe der Ingenieure erschienen, vor allem aber der durch die neu eingeführte Hochschulprüfung ausgewiesene, ebenfalls neue Dipl.-Ing., und bald gab es neben dem VDI, dem Verein Deutscher Ingenieure, auch den VDDI, den Verein Deutscher Diplomingenieure, im Kreis der seit den 70er Jahren anwachsenden Vielfalt von technischen Fach- und Standesorganisationen. Das Erscheinungsbild der Ingenieure war am Ende des Jahrhunderts im Hinblick auf ihre Bildungs- und Ausbildungsgrade keineswegs einheitlicher geworden. Ludwig Brinkmann kennzeichnete im Jahre 1908 die sich daraus ergebende Schwierigkeit ihrer berufsständischen Eingrenzung, wenn er darlegte: „In einem modernen technischen Betrieb mittlerer Größe arbeiten oft Männer vollkommenster wissenschaftlicher Erziehung, Träger akademischer Grade an gleichen Dingen gleichberechtigt mit Autodidakten zusammen, die niemals eine Fachschule besucht haben."[35] Für die große Mehrheit der Ingenieure wurde ihr wirtschaftlich-sozialer Standort objektiv weitgehend bestimmt von der Problematik der neuen Gruppe der Angestelltenschaft. Ihre soziale Selbsteinschätzung blieb unsicher. Nach den Ergebnissen einer vom VDI in Auftrag gegebenen Untersuchung[36] sahen auch im Jahre 1959 noch mehr als die Hälfte seiner Mitglieder sich im Hinblick auf ihre Berufsqualifikation als gesellschaftlich unterbewertet, fanden die Gründe dafür noch immer in ungenügender sozial bedeutsamer allgemeiner Bildung und in fehlendem Solidaritätsgefühl, sahen sich also unverändert in der traditionellen Antinomie von Bildung aus Ausbildung, trotz Akademisierung in jener „mißlichen Weltstellung", die, wie eingangs zitiert, Max Maria von Weber schon 100 Jahre zuvor diagnostiziert hatte.

Wichtiger und folgenreicher als die hier akzentuierten äußerlich unvermittelten Gegensätze war, daß in der staatlichen Wissenschaftspolitik, in Preußen-Deutschland in diesen Jahren untrennbar mit den Namen Friedrich Althoff verknüpft,[37] jetzt eine Strategie der Wissenschafts- und Forschungsförderung planvoll entwickelt und durchgesetzt wurde, die dann in der Folgezeit die Bereiche der Universitäten einerseits und der Technischen Hochschulen und der Industrie andererseits auf eine neue und notwendig gemeinsame Ebene heben sollten,[38] angesichts der Tatsache, daß Bildung und Wissenschaft zu einem immer bedeutenderen Produktionsfaktor werden mußten.

---

35 In: Der Ingenieur, 1906.
36 Der deutsche Ingenieur in Beruf und Gesellschaft, VDI Information Nr. 5, 1959.
37 Lothar Burchardt, Wissenschaftspolitik im Wilhelminischen Deutschland. Vorgeschichte, Gründung und Aufbau der Kaiser-Wilhelm-Gesellschaft zur Förderung der Wissenschaften, 1975.
38 F. R. Pfetsch, Zur Entwicklung der Wissenschaftspolitik in Deutschland 1750–1914, 1974.
Peter Lundgreen (Hg.), Zum Verhältnis von Wissenschaft und Technik. Erkenntnisziele und Erzeugungsregeln akademischen und technischen Wissens, Manuscripte der Vortragstexte einer Tagung, Bielefeld 1976. Report Wissenschaftsforschung Nr. 7.

Technischer Fortschritt und sozialer Wandel

Das Beispiel der Taylorismus-Rezeption

von Lothar Burchardt

I.

Seit dem Übergang zur industriellen Produktionsweise, der in den Vereinigten Staaten etwa ab dem Sezessionskrieg einsetzte[1], tauchte dort eine für diese Wirtschaftsform charakteristische Erscheinung auf: Mit zunehmender Arbeitsteilung sank die Bereitschaft der industriell tätigen Arbeiterschaft, sich am Arbeitsplatz in dem Maß einzusetzen, das die Unternehmer glaubten beanspruchen zu können[2]. In den 1840er Jahren war in Frankreich und England versucht worden, durch verschiedene Gewinnbeteiligungsverfahren einen zusätzlichen Anreiz zu schaffen; zwei Jahrzehnte später tauchten ähnliche Gedanken in der deutschen Fachliteratur auf. Danach fehlte es nicht an Versuchen, mithilfe von Stücklohn-("Akkord-") Verfahren die Arbeitsleistungen zu steigern. In den Vereinigten Staaten nahm sich die 1880 gegründete American Society of Mechanical Engineers (fortan abgekürzt: ASME) alsbald dieses Problems an und machte es sich zur Aufgabe, ihre Mitglieder zur Entwicklung von Alternativlösungen anzuregen[3]. Inzwischen hatte sich auch der Stücklohn als ein nur kurzfristig geeignetes Mittel erwiesen: Sobald der Übergang zum Akkord die produzierten Stückzahlen erhöht hatte, senkten die Unternehmer erfahrungsgemäß die Stücklöhne — und damit zugleich auch den finanziellen Anreiz, den sie auf die Arbeiter ausübten.

Einen Ausweg schienen verschiedene Prämiensysteme zu versprechen, wie

---

1 Vgl. dazu u. a.: F. B. Copley, Frederick W. Taylor. Father of Scientific Management. New York 1923, Bd. I, S. 99; M. Kranzberg u. C. W. Pursell, Hg., Technology in Western Civilisation. New York 1967, Bd. I, S. 682 f. u. 686 f.

2 Zur Krisenlage des Kapitalismus, aus der heraus diese Situation entstand, vgl. neuerdings D. Groh, Überlegungen zum Verhältnis von Intensivierung der Arbeit und Arbeitskämpfen im Organisierten Kapitalismus in Deutschland (1896—1914). Ms. Konstanz 1976, S. 2—6.

3 H. B. Drury, Wissenschaftliche Betriebsführung. Eine geschichtliche und kritische Würdigung des Taylor-Systems. Deutsche Ausgabe München/Berlin 1922, S. 12—16; J. Kocka, „Industrielles Management: Konzepte und Modelle in Deutschland vor 1914." in: Vjschr. f. Sozial- u. Wirtschaftsgeschichte 1969, S. 364.

sie in den 1880er Jahren vor allem von Henry B. Towne und Frederick A. Halsey in der ASME vorgestellt und in verschiedenen amerikanischen Betrieben eingeführt wurden[4]. Sie operierten im Prinzip mit Normalzeiten, für deren Unterschreitung Prämien gezahlt wurden. Zwar konnte die Prämienlöhnung für den Unternehmer größere finanzielle Attraktivität beanspruchen als die Stücklöhnung[5], doch verschob sie das Problem insofern lediglich auf eine andere Ebene, als die der Lohnfestsetzung zugrundeliegenden Normalzeiten nur recht willkürlich ermittelt werden konnten.

An diesem Punkt setzten Frederick Winslow Taylors Untersuchungen ein. Taylor war erstmals während seiner Tätigkeit als Metallarbeiter bzw. Meister bei einer Maschinenbaufirma auf jenes Phänomen des bewußt langsamen Arbeitens gestoßen, das in der zeitgenössischen amerikanischen Literatur üblicherweise als „soldiering", in deutschsprachigen Arbeiten als „Drückebergerei", „Trödeln", „Trölen" o. ä. bezeichnet wurde. Seiner Beseitigung galt ein großer Teil von Taylors Anstrengungen in den folgenden Jahrzehnten[6].

Taylor ging aus von der Annahme, daß der amerikanische Industriearbeiter normalerweise nur ein Drittel bis maximal die Hälfte dessen leiste, was er „ohne besondere Mühe" leisten könne[7]. Er führte dies teilweise auf einen dem Menschen immanenten Hang zur Trägheit zurück, vor allem aber auf die in Arbeiterkreisen grassierende Angst, daß allzu fleißige Arbeit mittelfristig Senkungen der Stücklöhne und langfristig den Verlust von Arbeitsplätzen nach sich ziehen werde. Da die Unternehmerschaft nur sehr ungenaue Kenntnisse über die wirkliche Leistungsfähigkeit der Arbeiterschaft besaß, stand sie dem einigermaßen machtlos gegenüber. Abhilfe gedachte

---

4   Zur Entstehung und Eigenart der verschiedenen Prämiensysteme vgl. Drury, S. 18–27; J. Ermanski, Wissenschaftliche Betriebsorganisation und Taylor-System. Deutsche Ausgabe Berlin 1925, S. 66–85.

5   So ergibt eine Auswertung der bei Ermanski, S. 75, genannten Daten, daß der Übergang vom Stück- zum Prämienlohn dem Unternehmer in jedem Fall zusätzlichen Gewinn verschaffte – einen Gewinn, der mit zunehmender Zeitersparnis exponentiell anstieg; z. B. folgen die von Ermanski für das Halseysche System vorgelegten Daten der Regressionsfunktion $y = e^{0.063x + 0.73}$.

6   Taylors erste diesbezügliche Veröffentlichung, „A Piece Rate System", stammt von 1895 (in: Transactions of the American Society of Mechanical Engineers 16, 1895), doch hat er sein System wohl am übersichtlichsten dargestellt in: The Principles of Scientific Management. New York 1911 u. ö. (benutzt wurde die Ausgabe New York 1967). Auf diese Arbeit stützt sich die folgende Zusammenfassung. Die allmähliche Herausbildung der verschiedenen Komponenten von Taylors System kann hier nicht im einzelnen geschildert werden; sie ist ausführlich bei Copley nachzulesen.

7   Zum Folgenden vgl. Taylor (1911), Kap. I. Ein eindrucksvolles und wohl typisches Beispiel für die Praxis des „soldiering" beschreibt Copley, Bd. I, S. 441–443.

Taylor durch Zeit- und Bewegungsstudien zu schaffen: Analysierte man die Bewegungen einer nach Augenschein für eine bestimmte Arbeit besonders geeigneten Gruppe von Arbeitern auf ihre Effizienz und den erforderlichen Zeitaufwand hin, so ließen sich die einzelnen Bewegungskomponenten und die für sie jeweils gemessenen Zeiten zu idealen Arbeitsabläufen und -zeiten zusammensetzen; sie konnten — nach Einführung gewisser Korrekturfaktoren — fortan der Arbeitsvorbereitung wie der Lohnberechnung als „angemessene Tagesleistung" zugrundegelegt werden. Zugleich ermögliche es dieses Verfahren, die für die einzelnen Tätigkeiten jeweils geeignetesten Werkzeuge herauszufinden und fortan zur Standardausrüstung für den betreffenden Arbeitsvorgang zu erheben. Schließlich sollten systematische Ermüdungsstudien Aufschluß darüber geben, wie oft die aufgrund von Zeitstudien rationalisierte Arbeit durch Ruhepausen unterbrochen werden mußte, um optimale Resultate zu erzielen[8].

Sollte das vorstehend umrissene System funktionieren, so bedurfte es also zunächst der Ermittlung des langfristig zumutbaren Leistungsmaximums und anschließend einer genauen Festlegung der jeweils erforderlichen Arbeits- und Pausenabfolge und Werkzeuge. Alles dies durfte freilich nicht dem Arbeiter selbst überlassen bleiben. Ein fähiger Arbeiter könne, so Taylor, selbst einfachste Arbeiten niemals aus eigener Einsicht optimal durchführen, sondern bedürfe laufend „der Hilfe eines Gebildeteren". Daraus ergab sich für Taylor zwingend die Notwendigkeit, einen erheblichen Teil der Verantwortung vom Arbeiter auf die Betriebsleitung zu übertragen, Denken und Arbeiten radikal voneinander zu trennen. „Eine erste Kraft", so informierte er denn auch einen zweifelnden Hilfsarbeiter, „ist ein Arbeiter, der genau tut, was ihm gesagt wird und nicht widerspricht"[9]. Ihre Anweisungen erhielten die Arbeiter taylorisierter Betriebe dementsprechend nicht mehr in der Form globaler Aufträge von ihren Meistern, sondern detailliert und in schriftlicher Form von einem Planungsbüro, das den gesamten Produktionsprozeß gleichsam vorvollzog, in seine kleinsten Komponenten zerlegte und in exakte schriftliche Weisungen umsetzte, die jedem Arbeiter täglich zugingen[10].

Über ihrer genauen Einhaltung wachte nicht mehr ein seine Werkstatt autokratisch beherrschender Meister, sondern eine Gruppe sog. „Funktionsmeister" (functional foremen). Diese Funktionsmeister waren jeweils

---

8   Zum Vorstehenden vgl. Taylor (1911), S. 53—73 u. 116—119; Copley, Bd. I, S. 356 f.; Ermanski, S. 319—324.
9   Taylor (1911), S. 46. Vgl. auch ebda. S. 36—40 sowie die Analyse von S. Haber, Efficiency and Uplift: Scientific Management in the Progressive Era, 1890—1910. Chicago/London 1964, S. 23 f.
10 Abbildungen solcher Anweisungsformulare finden sich bei Copley, Bd. I, S. 230, 256 f. u. 260.

für ein bestimmtes Aufgabengebiet innerhalb des gesamten Betriebs zuständig, so etwa für die Erläuterung der den Arbeitern erteilten Weisungen, für die Durchführung der Arbeiten nach tayloristischer Manier, für die Vermeidung von Engpässen und Leerzeiten, für die Wartung und Reparatur von Werkzeug und Maschinen etc.; dagegen hatten sie keinerlei Einfluß auf die von der Planungsabteilung an ihnen vorbei den Arbeitern zugehenden Anweisungen selbst[11]. Die durch die Funktionsmeister gewährleistete strenge Einhaltung der von der Leitung gegebenen Befehle erlaubte es, den Produktionsprozeß in einem vorher unbekannten Maß planbar zu machen und insbesondere die von den einzelnen Arbeitern erzielten Leistungen genau zu kontrollieren.

Erfüllten sie das ihnen zugewiesene „Pensum", so wurden ihnen zusätzliche Prämien bis zu 60 % ihres Basislohns bezahlt. Bei Untererfüllung erfolgten — nachdem Taylors vorübergehendes Interesse am Differentiallohn wieder abgeklungen war[12] — keine Abzüge, sondern zunächst zusätzliche Belehrung durch den zuständigen Meister; blieb sie erfolglos, so wurde der betreffende Arbeiter entlassen. Hinter diesem Löhnungskonzept stand die Auffassung, daß der Arbeiter in seinem Verhalten ausschließlich — dafür aber desto wirkungsvoller — über die betriebliche Lohnpolitik gesteuert werden könne[13]. Diese Grundannahme bewog Taylor zu der weiteren Annahme, daß es bei Gewährung entsprechender Prämien gelingen werde, „eine vollständige Änderung der in der Arbeiterschaft vorherrschenden Ansicht über ihr Verhältnis zur Arbeit und zum Arbeitgeber" zu bewirken[14]. War das einmal erreicht, so ließ sich Taylors Devise „hoher Löhne bei niedrigen Lohnkosten" in einer Atmosphäre sozialen Friedens verwirklichen. Dabei war jedoch keineswegs an gesellschaftliche Umschichtungen oder an die Entwicklung neuer Strukturformen vom Typ der gegen Ende des Ersten Weltkriegs von Wichard von Moellendorff und anderen propagierten „Gemeinwirtschaft" gedacht: Im Grunde propagierte Taylor lediglich eine neue Variante der Betriebsführung auf der Grundlage des Verfolgens gemeinsamer Vorteile, für die der Arbeiter eine rigorose Disziplinierung in Kauf nehmen sollte. In einer seiner betriebswirtschaftlichen Vorlesungen an der Universität Harvard hat Taylor diese Maxime folgendermaßen formuliert.

11 Taylor (1911), S. 122—130; Copley, Bd. I, S. 281 f. u. 304 f.
12 Der Differentiallohn sieht den vollen Lohn für die genaue Erfüllung des Pensums, zusätzliche Prämien für dessen Übererfüllung vor. Bleibt es unerfüllt, so erfolgen mit dem Grad der Untererfüllung progressiv steigende Lohnabzüge, um den Arbeiter dadurch zu größerer Anstrengung zu zwingen. Diesen Gedanken, der noch seiner ersten Veröffentlichung — Taylor (1895) — zugrundelag, gab Taylor später auf. Vgl. ergänzend Drury, S. 35.
13 Taylor (1911), S. 19—24.
14 Ebda., S. 143 f. Vgl. auch S. 140—142.

„The Management of workmen consists mainly in the application of three elementary ideas:
First. Holding a plum for them to climb after.
Second. Cracking the whip over them, with an occasional touch of the lash.
Third. Working shoulder to shoulder with them, pushing hard in the same direction, and all the while teaching, guiding and helping them"[15].

Den besonderen Wert seines Systems gegenüber dem Status quo sah Taylor darin, daß es weniger beliebig war als dieser. Taylor nahm für seine Methode stets das Prädikat der Wissenschaftlichkeit in Anspruch: Wo der Werkmeister alten Typs auf der Grundlage unzureichender Informationen nach Gutdünken die Akkordzeit festgelegt hatte, sollten nun exakt ermittelte Leistungsdaten eine rationale Entscheidung mit dem Ziel der Nutzenoptimierung erlauben. Da deren Parameter „wissenschaftlich" ermittelt wurden, brauchte — ja: konnte — sie selbst schwerlich Gegenstand von Verhandlungen und Kontroversen zwischen Arbeitern und Unternehmer sein. Waren die Normalzeiten und das zu leistende Pensum einmal nach Taylors Verfahren berechnet, so war „der eine beste Weg" gefunden; Abweichungen davon hatten nach Taylor zwangsläufig Effizienzeinbußen zur Folge[16].

Hier kann Taylors System der „wissenschaftlichen Betriebsführung" keinesfalls in extenso entwickelt werden, weshalb wir uns zunächst mit vorstehender knapper Skizze begnügen müssen. Wie bei allen technischen oder organisatorischen Neuerungen, so drängt sich auch im Falle des Taylorismus die Frage auf, welchen Umständen er seine Entstehung verdankte. Taylors frühester Biograph und Apologet Frank B. Copley und neuerdings Sudhir Kakar haben versucht, die Genese des Taylorismus überwiegend biographisch zu erklären[17]. Vor allem Kakars Biographie beeindruckt durch ihre scharfsinnige Analyse mithilfe psychologischer Methoden und weist nach, daß in der Tat persönliche, biographische Momente zu wiederholten Malen den Ausschlag gaben[18].

Andererseits ließe sich auf diese Weise die Diffusion des Taylorismus schwerlich befriedigend erklären. Auch zeigt sich bei näherem Zusehen,

15 Zitiert bei Copley, Bd. 1, S. 321 f.
16 Taylor (1911), S. 37 f., 56 f., 113—138.
17 S. Kakar, Frederick Taylor: A Study in Personality and Innovation. Cambridge Mass. 1970. Für Copley vgl. oben Anm. 1.
18 Hier sei etwa erinnert an sein problematisches Verhältnis zu seinem Vater, an seine soziale Herkunft, an sein enges Verhältnis zu seinem langjährigen Förderer William Sellers oder an seine offenbar sehr ausgeprägte Neigung, Gegensätze hinwegzuharmonisieren. Zu allen diesen Punkten macht Kakar detaillierte und lesenswerte Ausführungen.

daß es nicht an Taylor-Vorläufern gefehlt hat[19]. Schon Colbert, Vauban und die preußische Armee des 18. Jahrhunderts führten gelegentlich Bewegungsstudien durch, ähnlich in späteren Jahren Charles Babbage und andere[20]. Arbeitsteiliges Vorgehen wurde in Europa zeitweise schon im 15. Jahrhundert bei der Hammerherstellung, bei der Ausrüstung von Galeeren und anderwärts praktiziert. Adam Smiths berühmtes Nadelbeispiel, das er seinerseits Peronnets Berichten über die Nadelfabrik von Loigle/Normandie entnahm, war also weder das erste, noch das einzige erwähnenswerte europäische Beispiel dieser Art; amerikanische folgten noch im 18. und häuften sich im 19. Jahrhundert[21]. Erste Vorformen der Taylorschen Funktionsmeister fanden sich bei Siemens schon in den 1850er und 1860er Jahren, eine reichhaltige Managementliteratur läßt sich in Deutschland seit den ausgehenden 1860er Jahren nachweisen[22]. Etwa gleichzeitig begannen in den Vereinigten Staaten die Bemühungen der „Systemizers", die auf geordnete Produktionsabläufe in der Industrie hinarbeiteten, und der Verfechter des „industrial betterment", die unter anderem auf die zwischen Wohlergehen und Leistungsfähigkeit der Arbeiterschaft bestehende Korrelation aufmerksam machten[23]. Von den vor Taylor entwickelten Prämienverfahren war bereits die Rede.

Schließlich sei daran erinnert, daß Taylors Methoden nicht nur die Entwicklung geeigneter Meßverfahren voraussetzten, sondern auch die Herausbildung eines differenzierten Zeitbewußtseins in der Arbeiterschaft. Auch dieser Prozeß begann lange vor Taylor und wurde in nicht geringem Maß durch den Aufbau einer leistungsfähigen amerikanischen Uhrenindustrie seit dem Sezessionskrieg vorangetrieben[24]. Kurzum: Der Taylorismus trat keineswegs gleichsam voraussetzungslos ins Leben. Taylor selbst hat gelegentlich auf das Ungenügen seiner Vorläufer und auf seine völlige Un-

19 Zur Frage der Vorläufer des Taylorismus, die hier nur gestreift werden kann, vgl. neben der in Anm. 20 u. 21 genannten Literatur ausführlich: P. Devinat, Wissenschaftliche Betriebsführung in Europa. Genf 1927; de Fréminville, „L'évolution de l'organisation scientifique." in: Revue de Métallurgie 1926; H. A. Hopf, Historical Perspectives in Management. New York 1947; J. Waldsburger, „Les pionniers de la science du travail." In: Mon Bureau. Paris 1925, S. 881 ff.
20 E. Gwalter, Wissenschaftliche Betriebsführung im Dienste der wirtschaftlichen Leistungserstellung. Bern 1950, S. 30; Kakar, S. 115—117.
21 Details in: Kranzberg, Bd. II, S. 38—40 u. 649—651; B. F. Hoselitz, Wirtschaftliches Wachstum und sozialer Wandel. Deutsche Ausgabe Berlin 1969, S. 20; Kakar, S. 116.
22 Funktionsmeister: J. Kocka, „Von der Manufaktur zur Fabrik. Technik und Werkstattverhältnisse bei Siemens 1847—1873". In: K. Hausen u. R. Rürup, Hg., Moderne Technikgeschichte. Köln 1975, S. 276. — Management-Literatur: Kocka (1969), S. 336 f.
23 Haber, S. 18 f.
24 D. Boorstin, The Americans. Bd. III: The Democratic Experience. New York 1973, S. 361 f.; Kranzberg, Bd. I, S. 686.

kenntnis ihrer Arbeiten hingewiesen[25]. Dies mag subjektiv durchaus zutreffen, ändert jedoch nichts an der Tatsache, daß Taylors System — selbst wenn wir die zahlreichen Einzelbeispiele des 16.–18. Jahrhunderts völlig außer acht lassen — ohne die Vorarbeiten des 19. Jahrhunderts auf den Gebieten der Betriebsführung, der arbeitsteiligen Produktionsweise, des Meßwesens etc. schlechterdings undenkbar gewesen wäre.

Diese Vorarbeiten ermöglichten und die industrielle Entwicklung in der zweiten Hälfte des 19. Jahrhunderts verlangte Techniken wie die von Taylor entwickelten. Der Übergang zu Großbetrieb und Massenproduktion ließ allmählich deutlich erkennen, daß die Entwicklung der innerbetrieblichen Rationalisierung weit hinter den technischen Entwicklungsstand zurückgefallen war. Die „Systemizers", die Vorkämpfer arbeitsteiliger Produktionsverfahren, die Theoretiker eines modernen Management und die Väter der verschiedenen Lohnsysteme — sie alle suchten diesem Übelstand abzuhelfen, indem sie das innerbetriebliche Geschehen transparenter, den Produktionsablauf planbarer machten und den Produktionsfaktor Arbeit fester in den Griff nahmen. Mit den Worten des Taylorismus-Experten Stuart Chase ausgedrückt: „Taylor oder nicht Taylor — die wissenschaftliche Betriebsführung wäre so oder so gekommen"[26].

II.

Taylor entwickelte und erprobte seine Methoden in der Midvale Steel Company. Jedoch blieben sie nicht auf dieses Unternehmen beschränkt, und ihre Diffusion innerhalb der Vereinigten Staaten soll im Folgenden wenigstens in Kürze skizziert werden.

Üblicherweise gelten drei Überlegungen als ausschlaggebend dafür, ob ein Unternehmen eine schon vorhandene Innovation übernimmt oder nicht. Es sind dies

— die Frage nach dem erwarteten finanziellen Aufwand,
— die Frage, ob diesem Mehraufwand voraussichtlich ein entsprechender Mehrgewinn gegenüberstehen wird und schließlich
— die Frage, ob die betreffende Innovation schon von Konkurrenzfirmen eingeführt worden ist[27].

---

25 So zitiert Kakar, S. 117, folgende Äußerung: „How very incredible that such examples should have been fruitless and that such work should even have been totally forgotten". Vgl. auch Copley, Bd. I, S. 225 f. u. 230.
26 S. Chase, „Critical Essays on Scientific Management". In: Bulletin of the Taylor Society. New York 1927 (zit. in: G. Masur, Propheten von gestern. Zur europäischen Kultur 1890–1914. Deutsche Ausgabe Frankfurt/M. 1965, S. 404). Vgl. auch Groh, S. 2–5.

Der Diffusion des Taylorismus in der industriellen Praxis lief voraus (bzw. zeitweise parallel) eine jahrelang andauernde Werbekampagne, von der zunächst kurz die Rede sein soll. Nachdem sich Taylor im Anschluß an seine achtjährige Tätigkeit als Rationalisierungsfachmann („consulting engineer") im Herbst 1901 aus dem aktiven Erwerbsleben zurückgezogen hatte[28], widmete er seine Arbeitskraft, seine zahlreichen persönlichen Beziehungen und sein nicht geringes Vermögen der weiteren Verbreitung seiner Ideen. Er beriet interessierte Unternehmer kostenlos in Fragen der wissenschaftlichen Betriebsführung, hielt zahlreiche Vorträge und las gelegentlich an den Universitäten, die sein System in ihre Lehrpläne aufgenommen hatten[29]. Außerdem führte er eine sehr umfangreiche Korrespondenz und informierte allwöchentlich Dutzende von Besuchern über seine Lehren; sein offensichtliches und vielfach bezeugtes Charisma tat bei solchen Gelegenheiten ein übriges[30]. Er wurde unterstützt von einer Gruppe mit seinem System vertrauter Schüler, die jede Gelegenheit zur Förderung des Taylorismus ergriffen und in dessen praktischer Anwendung ihren Lehrmeister deutlich übertrafen[31].

Besonderen Publizitätsgewinn zog der Taylorismus jedoch aus einem Einzelereignis, das sich keinem der gängigen Diffusionstypen zuordnen läßt: Im Herbst 1910 wurde vor der amerikanischen Interstate Commerce Commission eine Klage verschiedener Firmen gegen die Preisbildungspolitik der großen ostamerikanischen Eisenbahngesellschaften verhandelt[32]. Vertreter der klagenden Unternehmen war der damals noch relativ unbekannte Jurist Louis D. Brandeis. Dieser baute seine Argumentation auf der Behauptung auf, daß nur ihre geschäftliche Unfähigkeit die beteiligten Eisenbahngesellschaften in die Notwendigkeit versetzt habe, ihre Frachtsätze exorbitant zu erhöhen; er verursachte eine öffentliche Sensation, als er Zeugen vorlud, die sich anheischig machten, den Eisenbahnen mithilfe von Taylors „scientific management" täglich Millionenbeträge einzusparen.

27 Vgl. dazu ausführlich E. Mansfield, „Technical Change and the Rate of Imitation". In: N. Rosenberg, Hg., The Economics of Technological Change. London 1971, S. 284–311.
28 Copley, Bd. II, S. 167 f.
29 Details ebda., S. 281–298, 391–402 etc. Zu den Universitäten gehörten Harvard, Dartmouth u. a.
30 Copley, Bd. I, S. 375 u. 379.
31 Kurzbiographien der bekanntesten Taylor-Schüler finden sich u. a. bei Drury, S. 66–69 (Gantt), 69 f. (Barth), 71 (Hathaway), 71 f. (Cooke), 73 f. (Thompson), 74–78 (Gilbreth) u. 78–81 (Emerson). Außerdem finden sich bei Copley und in anderen Arbeiten zahlreiche Einzelinformationen, die hier nicht einzeln nachgewiesen werden können.
32 Zum sog. Eastern Rate Case vgl. u. a. Copley, Bd. II, S. 369–377; Haber, S. 52–54. Zur Biographie von Louis Brandeis vgl. außerdem ebda., S. 76–82, wo auch weitere Literatur nachgewiesen wird.

Durch diesen „Eastern Rate Case", wie er alsbald genannt wurde, erlangte der Taylorismus überall dort Popularität, wo man dem wirtschaftlichen Liberalismus in seiner besonders wildwüchsigen amerikanischen Variante Mißtrauen entgegenbrachte und nach wirksamerer öffentlicher Kontrolle des Wirtschaftslebens rief. In Unternehmerkreisen dagegen festigten die Ausführungen von Brandeis und seinen Taylorismus-Experten den Ruf dieses Systems als einer unter Gewinnmaximierungsaspekten höchst schätzenswerten Kunstlehre. Welches Ausmaß die neuerworbene Popularität annahm, zeigt eine Auszählung der zwischen 1907 und 1912 in den USA erschienenen Bücher und Aufsätze über Taylors System: Während 1907–1909 durchschnittlich 6–7 einschlägige Veröffentlichungen pro Jahr erschienen waren, stieg diese Zahl 1910 auf 15, 1911 auf 59 und 1912 auf 38; Taylor selbst wurde von immer neuen Zeitschriftenredakteuren aufgesucht und um Auskunft gebeten[33].

Als Nebenprodukt dieser Entwicklung erlebten die Vereinigten Staaten einen Vorgang, der als „efficiency craze" berühmt wurde: „Efficiency" wurde in den Jahren 1911–1915 zum Modewort. Eine Fülle wenig bedeutsamer Publikationen propagierte die Übertragung eines Vulgärtaylorismus auf den Haushalt, die Schulen und die Kirchen; daneben wurde „personal efficiency" gleichsam als eine Art von psychischem Bodybuilding mit stark moralisierender Note empfohlen[34]. Zeitgenössische Karikaturisten gingen so weit, die persönliche Effizienz auch auf den amourösen Sektor zu übertragen[35].

Dagegen ließ das Interesse der ASME in diesen Jahren eher nach. Während Taylor seine früheren Arbeiten – 1895: A Piece Rate System; 1903: Shop Management; 1906: On the Art of Cutting Metal – sämtlich in den „Proceedings" der Gesellschaft publiziert hatte, wurde ihm dies 1910 für sein Hauptwerk, The Principles of Scientific Management, verweigert. Einige Monate später trennten sich einige Mitglieder von der Gesellschaft, weil sie fanden, daß dort der Taylorismus ungenügend gewürdigt werde; als eine diesem Ziel verpflichtete Gegenorganisation gründeten sie noch im gleichen Jahr die „Society to Promote the Science of Management". Sie benannte sich nach Taylors Tod 1915 in „Taylor Society" um und entwickelte sich bald zum eigentlichen Zentrum der Taylorismus-Rezeption und -Ausgestaltung in den USA[36]. Schließlich sei erwähnt, daß das ameri-

---

33 Drury, S. 3 f; Copley, Bd. II, S. 372 f.; Kakar, S. 175 f.
34 Details bei Haber, S. 51–63 u. 72–74. Für Taylors gelassene Reaktion vgl. Copley, Bd. II, S. 387 f.
35 Vgl. z. B. die bei M. Sullivan, Our Time. Bd. IV, New York 1946, S. 87, abgedruckte Karikatur aus der Zeitschrift Life, Jg. 1913. (Text: „Young man, are you aware that you employed 15 unnecessary motions in delivering that kiss?")
36 Haber, S. 18 u. 31–50; Copley, Bd. II, S. 378–383.

kanische Repräsentantenhaus unter dem Druck der gewerkschaftlichen Taylorismus-Gegner im Herbst 1911 einen Untersuchungsausschuß einsetzte, der sich in den folgenden Monaten mit verschiedenen Aspekten der wissenschaftlichen Betriebsführung auseinandersetzte[37]. Zwar endeten dessen Hearings keineswegs mit einem klaren Erfolg Taylors, doch gaben sie immerhin Gelegenheit, seine Lehren an exponierter Stelle vorzutragen und zu verteidigen.

Betrachten wir nun die *Praxis* der Taylor-Rezeption in den Vereinigten Staaten. Zwar hatte Taylor bei der Midvale Steel Company langezeit als realitätsferner Spinner gegolten, doch war es ihm allmählich gelungen, wenn auch vielleicht nicht die Arbeiterschaft, so doch die Werksleitung von der Brauchbarkeit seiner Ansichten zu überzeugen[38]. Allerdings blieb Midvale zunächst ein Einzelfall, ein isoliertes Musterbeispiel wissenschaftlicher Betriebsführung inmitten einer großen Zahl von Betrieben, die weiterhin dem Status quo anhingen.

Auf Taylors Ausscheiden bei Midvale (1893) folgte eine Phase erster Taylorisierungsversuche in anderen Unternehmen, die es ihm ermöglichten, die Anwendung seiner Lehre auch außerhalb des Maschinenbaus zu erproben und im übrigen zu vervollkommnen[39]. Der große Durchbruch kam jedoch erst, als ihm 1898 die Reorganisation der Bethlehem Steel Company angetragen wurde.

Die folgenden drei Jahre bildeten nach den Midvale-Jahren die zweite (und letzte) innovative Phase in Taylors Arbeit, bot sich ihm doch nun die Möglichkeit, sein System auf einen Großbetrieb mit seinen vielfältigen Problemen und fast unbegrenzten Ressourcen zu übertragen. Zur bekanntesten (und umstrittensten) Errungenschaft jener Jahre wurde Taylors Reorganisation der Roheisenverladung bei Bethlehem Steel, inkarniert in der Person eines von Taylor unter dem Pseudonym Schmidt eingeführten Deutschamerikaners: Mithilfe der ihm von Taylor erteilten Anweisungen gelang es Schmidt, seine tägliche Arbeitsleistung zu vervierfachen und damit zum lebenden Beweis für die Vorzüge des Taylorismus zu avancieren[40]. Weitere — ex post gesehen weitaus relevantere — Verbesserungen

---

37 Die Verhandlungen des Untersuchungsausschusses erschienen unter dem Titel: U. S. Congress, House, Special Committee, Hearings to investigate the Taylor and other systems of Shop Management. 3 Bde. Washington D. C. 1912. Taylors Aussage vor dem Ausschuß ist außerdem gedruckt in dem Sammelband, F. W. Taylor, Scientific Management... New York 1947. Zur Genese des Untersuchungsausschusses vgl. Kakar, S. 55—61 u. 182—186.
38 Ebda., S. 52—54. Zum Folgenden vgl. Copley, Bd. I, S. 105 f.; Kakar, S. 30 f. u. 42 f.
39 Ein Beispiel referiert Taylor ausführlich in: Taylor (1911), S. 87—97. Vgl. ergänzend Copley, Bd. I, S. 372—465.
40 Vgl. Taylors Schilderung in: Taylor (1911), S. 42—47. Kaum eine der zahlreichen

erstreckten sich auf Form und Inhalt der Arbeitsanweisungen, die Werkzeug-Standardisierung, die Tätigkeit der von Taylor immer als ein Kernstück seines System betrachteten Planungsabteilung und die Einführung neuer Metallbearbeitungstechniken[41].

Zwar brachte Taylors Arbeit bei Bethlehem Steel nicht ganz den erhofften Erfolg, doch hob sie seine Lehren in den Augen der Fachleute endgültig über das Niveau eigenbrötlerischer Phantastereien heraus und ebnete damit ihrer weiteren praktischen Verbreitung den Weg. So konnten bald mehrere Betriebe reorganisiert werden; zwei von ihnen, die Tabor Manufacturing Company und die Link-Belt Company, (beide im Raum Philadelphia) entwickelten sich geradezu zu tayloristischen Musterbetrieben und dienten fortan als Demonstrationsobjekte[42].

In den folgenden Jahren verbreitete sich der Taylorismus weiter, und es kam nun — teilweise wohl unter dem Eindruck der „efficiency craze" — zu ersten Versuchen, ihn auch auf kommunaler und staatlicher Ebene anzuwenden[43]. Besondere Bedeutung erlangte in diesem Zusammenhang vorübergehend die Einführung verschiedener Komponenten des Taylor--Systems in den Werkstätten der amerikanischen Kriegsmarine[44] und vor allem in einem Arsenal der US Army. Dort gelang es, Materialverschwendung und innerbetrieblichen Leerlauf drastisch zu reduzieren, die Fertigstellungstermine weit genauer als in früheren Jahren einzuhalten, die Lohnberechnung zu vereinfachen und gleichzeitig erhebliche Einsparungen zu erzielen[45].

Zwar ließe sich diese Erfolgsliste fortsetzen, doch erweist es sich bei näherem Zusehen als unmöglich, zu wirklich vollständigen und zuverlässigen Daten über den Verbreitungsstand des Taylorismus in den Vereinigten Staaten am Vorabend des 1. Weltkriegs zu kommen. Taylor selbst schätzte

---

Stellungnahmen für oder gegen Taylor hat sich seit dem entschließen können, auf eine bewundernde oder tadelnde Interpretation gerade dieser Episode zu verzichten.

41 Für Taylors Tätigkeit bei Bethlehem Steel vgl. Copley, Bd. II, S. 3—156; Kakar, S. 137—151.

42 Ebda., S. 169; Drury, S. 90—96; Copley, Bd. II, S. 175—185.

43 Details zur Anwendung des Taylorismus auf kommunaler Ebene: ebda. S. 394—397; Haber, S. 108—111. — Efficiency Commissions des Bundes und verschiedener Einzelstaaten: Haber, S. 113—116.

44 Details in: Copley, Bd. II, S. 299—327. Diese Versuche wurden nach dem Amtsantritt der Administration Taft bald wieder aufgegeben. Die Gründe dafür scheinen jedoch nicht so sehr in Mißerfolgen bei der Taylorisierung, sondern in marineinternen Rivalitäten gelegen zu haben.

45 Zur Taylorisierung des Arsenals von Watertown N. Y. vgl. Copley, Bd. II, S. 328—350; Kakar, S. 107—114 sowie besonders Hugh Aitkens Monographie, Taylorism and Watertown Arsenal. Cambridge, Mass. 1960. Außerdem enthalten die Protokolle der Hearings von 1912 reiches Material.

1914 die Zahl der nach seinem System tätigen Arbeitnehmer auf 150–200 000, was einen Prozentsatz von rund 1,5–2 % der damaligen Industriearbeiterschaft entspräche[46]; der Taylorismus-Experte C. Bertrand Thompson schätzte 1917, daß nur 149 amerikanische Industriebetriebe mit insgesamt 52 000 Arbeitern taylorisiert seien; ein scharfer Taylor-Kritiker schließlich, der amerikanische Admiral Edwards, wollte 1912 allenfalls 20 taylorisierte Betriebe haben feststellen können[47]. Auch nur annähernd vollständige Listen der betreffenden Betriebe existieren nicht, da zahlreiche Betriebsleiter aus unterschiedlichen Gründen die Taylorisierung geheim durchzuführen suchten; erschwerend kommt hinzu, daß offenbar in zahlreichen Betrieben nur einzelne Teile des Taylorschen Systems eingeführt, bereits eingeführte Maßnahmen nicht dem neuesten technischen Stand angepaßt oder wieder aufgegeben wurden[48]. Kurzum: genaue Angaben über die Verbreitung des Taylorismus in den Vereinigten Staaten bis etwa 1914 existieren (noch) nicht, doch erscheint ein zwischen Taylors und Thompsons Angaben liegender Wert in der Größenordnung von 100 000 Arbeitern oder 1 % der amerikanischen Industriearbeiterschaft einigermaßen plausibel.

Für diesen nur relativ geringfügigen Verbreitungsgrad lassen sich mehrere Ursachen anführen. Zunächst kommen mindestens zwei technische Gründe in Frage: Nur ein relativ kleiner Teil der amerikanischen Industrie – Taylor bezifferte ihn auf etwa 17 % – kam nach damaligem Kenntnisstand überhaupt für eine Taylorisierung in Frage, nämlich größere Betriebe mit Serienproduktion. Da es an wirklich überzeugenden Erfolgsberichten zu mangeln schien, scheuten diese Betriebe offenbar mehrheitlich den großen Aufwand einer Reorganisation, die nach Taylors Einschätzung 2–4 Jahre in Anspruch zu nehmen pflegte, dem Selbstverständnis zahlreicher Unternehmer zuwiderlief und nicht selten schwere innerbetriebliche Probleme heraufbeschwor[49]. Mit anderen Worten: schon aus technischen Gründen bestand vielerorts keine Bereitschaft, das Taylorsystem zu übernehmen. Hinzu kamen aktive Gegenkräfte, von denen unten noch die Rede sein wird.

Welchen Effekt hatte nun der Taylorismus dort, wo er tatsächlich einge-

---

46 Drury, S. 104 f. Die Vergleichsdaten nach: U. S.-Bureau of the Census, Hg., Historical Statistics of the United States. 2. Aufl. Washington D. C. 1961, S. 72 f.
47 Drury, S. 104 f.; Ermanski, S. 373 f. Ausführlichere Angaben finden sich in: C. B. Thompson, The Theory and Practice of Scientific Management. Boston 1917. E. Johnsons Taylorismus-Kritik, „The Fetichism of Scientific Management", findet sich im Journal of the American Society of Naval Engineers, Jg. 1912, lag allerdings dem Verf. nicht im Original vor. Eine Zusammenfassung gibt Ermanski, a. a. O.
48 Drury, S. 83–90 u. 106.
49 Drury, S. 120 f.; Haber, S. 35; Taylor (1911), S. 130–135.

führt war? Ein instruktives Einzelbeispiel bieten Entwicklung und Einführung des sog. Hochgeschwindigkeits- oder Schnellstahls: Taylor hatte — wie andere Maschinenbauingenieure vor ihm — bei Midvale frühzeitig die Erfahrung gemacht, daß die Drehbänke vom Bedienungspersonal für die Erledigung gleicher Aufgaben sehr verschieden eingestellt zu werden pflegten und entsprechend unterschiedliche, größtenteils suboptimale Leistungen erbrachten. Er zog daraus die Konsequenz, jahrzehntelang und unter erheblichem Aufwand an Zeit, Material und Geld Experimente über die optimalen Werte für Schnittgeschwindigkeit, Vorschub und Spanstärke durchzuführen[50]. Aus Zehntausenden solcher Experimente, die insgesamt 12 Variable berücksichtigten und damit etwa die gleichzeitig in Deutschland vom VDI veranstalteten Experimente an Gründlichkeit und Genauigkeit weit übertrafen, resultierten zunächst verschiedene Einstellungstabellen. Sie wurden durch den von Taylor hinzugezogenen Mathematiker Carl Barth anschließend in Gleichungssysteme und schließlich in einen Spezialrechenschieber umgesetzt, der es ermöglichte, für jeden Einzelfall die optimalen Einstellungswerte mit geringem Rechenaufwand zu ermitteln[51]. Überdies gelang Taylor und dem Chefmetallurgen von Bethlehem Steel — Maunsel White — die Entdeckung, daß die Schneidewerkzeuge unter gewissen Umständen mit weit höheren Drehgeschwindigkeiten als den bislang üblichen benutzt werden konnten und daß sich bei Einführung eines besonderen Chrom-Tungsten-Stahls noch günstigere Werte erzielen ließen. Die Kombination der aus diesem „Schnellstahl" gefertigten Werkzeuge auf einer Drehbank mit elektrischem Einzelantrieb und des Barthschen Rechenschiebers bedeutete auf der Pariser Weltausstellung von 1900 eine Sensation, ermöglichte sie doch gewaltige Einsparungen an Zeit und Material oder — anders gewendet — eine Produktionssteigerung um mehr als 100 % ceteris paribus[52].

Die Einführung des neuen Verfahrens bei Bethlehem und anderen Firmen beseitigte denn auch bald jeden etwaigen Zweifel an seiner ökonomischen Nützlichkeit. Der Grad seiner technischen Neuheit hingegen war

50 Zur Entwicklung des Schnellstahls vgl. neben Taylors ausführlicher Darstellung (On the Art of Cutting Metals. In: Transactions of the American Society of Mechanical Engineers 28, 1906). Zusammenfassend: Copley, Bd. I, S. 237–252 u. Bd. II, S. 79–118; Kakar, S. 100–105; Taylor (1911), S. 98–112.
51 Zur Entwicklung des Barthschen Rechenschiebers vgl. ebda., S. 110 f.; Copley, Bd. II, S. 26–36. Ein solcher Rechenschieber ist u. a. ebda., S. 31, abgebildet. Eine genaue Beschreibung gibt Barth in Bd. 25, 1903, der Transactions of the American Society of Mechanical Engineers (fortan abgekürzt: Transactions ASME).
52 Copley, Bd. II, S. 115–118 (eine Abbildung der in Paris von Bethlehem Steel ausgestellten Drehbank ebda., S. 85); Kakar, S. 104. Es kennzeichnet den Stellenwert dieser Innovation, daß zahlreiche führende Maschinenbaufirmen ihre Fachleute auf Werkskosten nach Paris entsandten, um sie die dortige Ausstellung von Bethlehem studieren zu lassen.

langezeit Gegenstand eines lebhaft geführten Patent- und Prioritätsstreits. Hier soll darauf nicht näher eingegangen werden; wohl aber sei nochmals daran erinnert, daß der Schnellstahl — wie das gesamte Taylorsystem — nicht isoliert von diversen Vorarbeiten betrachtet werden darf: Taylors Experimente setzten einen bestimmten Stand der Entwicklung von Drehbänken, Hochleistungsstählen und Feinmeßverfahren voraus; sie bedurften zu ihrer Vollendung der Hilfe des Mathematikers und hätten ohne die Entwicklung der schnell laufenden Drehbank mit elektrischem Einzelantrieb von der Industrie gar nicht voll genutzt werden können.

Schwieriger ist es, einen Komplex von Folgewirkungen in den Griff zu bekommen, der im Folgenden etwas verkürzt als die „sozialen Kosten" dieser Innovation bezeichnet werden soll. Vor der Einführung des Schnellstahls hatte der Metallarbeiter seine Drehbank nach Gutdünken und Erfahrung eingestellt; die benötigten Werkzeuge wählte er fallweise selbst aus; sie wie auch „seine" Drehbank hielt er persönlich instand, kurzum: er konnte sich in hohem Maß mit seiner Arbeit und seinem Arbeitsgerät identifizieren und legte großen Wert auf die Erhaltung dieses gleichsam vorindustriellen Aspekts seiner Tätigkeit.

Die Einführung des neuen Verfahrens änderte diesen Zustand grundlegend: Carl Barths Rechenschieber entzog dem Arbeiter die Verantwortung für die Wahl der jeweils besten Einstellungen und legte sie in die Hand eines Bürobeamten. Gleichzeitig reduzierten Zeitstudien und die aus ihnen resultierenden genauen Zeitvorgaben den Ermessensspielraum des Drehers auch in dieser Hinsicht — wie von Taylor durchaus beabsichtigt[53]. Überdies wurden ihm nun die jeweils zu verwendenden Schneidwerkzeuge vorgeschrieben, deren Instandhaltung aber ebenso wie die Wartung seiner Drehbank einem besonderen Spezialisten übertragen. Alle diese jeweils für sich allein betrachtet scheinbar unbedeutenden Einzelheiten förderten die Rationalisierung, indem sie die Arbeit des Drehers in bis dahin nicht gekanntem Umfang schematisierten und damit gleichsam entseelten.

Erschwerend kam hinzu, daß Schneidwerkzeuge aus Schnellstahl Drehgeschwindigkeiten ermöglichten, die bis zum Achtfachen über den bislang üblichen lagen. Zwar ließ der hohe Mechanisierungsgrad der an der Drehbank zu leistenden Arbeit es selbst unter diesen Bedingungen selten zu physischen Überlastungserscheinungen kommen, doch stellte die so enorm gestiegene Bearbeitungsgeschwindigkeit erhöhte nervliche Belastungen an den Dreher: Zu einem guten Teil bezahlte er den durch Schnellstahl, Rechenschieber und Elektrodrehbank erzielten Produktivitätszuwachs mit gesteigerter Arbeitsintensität und beruflicher Dequalifikation.

Was hier für den Schnellstahl gesagt wurde, gilt mutatis mutandis für den

---

53 Kakar, S. 104 f.

Taylorismus insgesamt. Er brachte stellenweise eindrucksvolle organisationstechnische Erfolge und scheint sich auch auf ökonomischem Gebiet in der Regel profitsteigernd ausgewirkt zu haben. Hier wie hinsichtlich seiner Verbreitung sind die Daten unzusammenhängend und nicht selten kontrovers, weisen jedoch alle in dieselbe Richtung: Bethlehem Steel konnte seine Roheisenverladungskosten pro Tonne um 55 % senken, nachdem dieser Arbeitszweig taylorisiert worden war; die größte Kugellagerherstellerin der USA konnte die Personalstärke ihrer Prüfabteilung um 70 % verkleinern, während sich die Qualität der dort geleisteten Arbeit signifikant erhöhte; eine transkontinentale Eisenbahnlinie sparte innerhalb eines Jahres 1,25 Millionen Dollar ein, das Arsenal in Watertown einen zwar geringeren, aber dennoch nennenswerten Betrag; die Link-Belt Company verdoppelte, die Tabor Manufacturing Company verdreifachte ihre Produktion nach Abschluß der Taylorisierung und die Ferracute Machine Company halbierte ihre Produktionskosten[54].

So problematisch auch alle diese Daten schon deshalb sind, weil die innerbetriebliche Selbstkostenrechnung in den USA zum damaligen Zeitpunkt noch in den Anfängen steckte[55], sie lassen immerhin die begründete Vermutung zu, daß die meisten Betriebe ökonomisch vom Taylorismus profitierten.

Hier wie im besonderen Fall des Schnellstahls blieben diese Rationalisierungserfolge nicht ohne soziale Kosten des bereits geschilderten Typs: Während sich körperliche Überlastung entgegen den Prognosen der Kritiker praktisch nirgends nachweisen ließen[56], bewirkte die erhöhte Arbeitsintensität zusätzliche psychische Belastungen. Hinzu kam, daß Taylorisierung in der Regel Spezialisierung erforderte. Spezialisierung aber bedeutete nicht nur eine immer bessere Ausbildung auf einem immer mehr zusammenschrumpfenden Arbeitsgebiet und damit letztlich Dequalifikation, sondern außerdem steigende Monotonie der Arbeit. Gewiß war aus der psychologischen Forschung bekannt, daß sich Monotonie keineswegs auf *alle* Arbeiter schädlich auswirkte[57], jedoch ließ sich diese Erkenntnis nur

---

54 Vgl. die Angaben bei Taylor (1911), S. 71 u. 95; Drury, S. 103 u. 118 f.
55 Dies gilt nur für die Vereinigten Staaten: in Deutschland war man in Fragen der Selbstkostenrechnung schon weiter fortgeschritten (Kocka in: VSWG 1969, S. 358 ff.).
56 Dies kam besonders deutlich in den Hearings des oben erwähnten Untersuchungsausschusses zum Ausdruck, der dem Kongreß denn auch keinerlei Schutzgesetzgebung o. ä. gegen den Taylorismus empfahl. Vgl. ergänzend Drury, S. 140–142; Copley, Bd. I, S. 166 u. Bd. II, S. 55.
57 Aus der reichhaltigen zeitgenössischen Literatur seien hier nur genannt: E. Kraepelin, Zur Hygiene der Arbeit, Jena 1896; H. Münsterberg, Psychologie und Wirtschaftsleben. Leipzig 1913; G. Schlesinger, Psychotechnik und Betriebswissenschaft. Leipzig 1920.

dann für die betriebliche Praxis nutzen, wenn eine Eignungsprüfung die jeweils geeignetsten Kandidaten auswählte. Davon aber waren — jedenfalls was die *psychische* Eignung anbelangt — die amerikanischen Firmen der Vorkriegsjahre noch weit entfernt, wie überhaupt die zum damaligen Zeitpunkt bereits verfügbaren Erkenntnisse von Arbeitsphysiologie und -psychologie von Taylor und seinen Anhängern mit bemerkenswerter Konsequenz ignoriert wurden.

Unter diesen Umständen konnte es kaum ausbleiben, daß dem Taylorismus beizeiten mächtige Gegner erwuchsen. Die Opposition kam zunächst einmal aus dem Kreis derer, die nach gewerkschaftlicher Auffassung die eigentlichen Profiteure des Taylorsystems waren: Zwar beinhaltete Taylorisierung letztlich Profitzuwachs durch innerbetrieblichen Machttransfer von den Arbeitern zur Werksleitung, doch sollte diese neugewonnene Macht nach Taylor nicht an der Unternehmensspitze, sondern im mittleren Management konzentriert werden: Während die Unternehmer ihre Tätigkeit von angeborenen oder in jahrzehntelanger Praxis erworbenen Persönlichkeitswerten wie Mut, Selbständigkeit und Schöpferkraft bestimmt sahen, hielten Taylor und andere Management-Experten eine „allgegenwärtige Gottheit" an der Firmenspitze für entbehrlich, ja schädlich[58]. Taylor empfahl stattdessen, die eigentliche Betriebsführung in die Hand des Managements zu legen und den Unternehmer nur noch an Grundsatzentscheidungen zu beteiligen. Zahlreiche Unternehmer befürchteten deshalb, daß für sie der Taylorismus einen persönlichen Machtverlust bringen werde und lehnten ihn dementsprechend ab[59]. Ähnliches galt für die Teile des etablierten mittleren Managements, die befürchteten, im Falle einer Taylorisierung durch neu eingestellte Taylorismus-Experten aus ihren Stellen verdrängt zu werden oder jedenfalls Einbußen an Autorität und Kompetenz zu erleiden[60].

Während der einzelne Arbeiter auf den Taylorismus eher ratlos „mit einem vagen Gefühl des Beraubtwerdens" reagierte[61], gingen die amerikanischen Gewerkschaften frühzeitig zum Gegenangriff über. Taylor hatte seit seiner ersten Publikation von 1895 immer wieder die Ansicht vertreten, daß die

---

58 Taylor „Shop Management". In: Transactions ASME 25, 1903, S. 110 u. 126. Weitere Belege bei Copley, Bd. I, S. 301 f.; Haber, S. 24 f. Vergl. ergänzend Kocka in: VSWG 1969, S. 354—356. Die zitierte Wendung von Sinzheimer findet sich ebda., S. 343.
59 Vgl. Kakar, S. 179—182. Hinzu kamen andere Gründe. So wurde Taylor gelegentlich vorgeworfen, die von ihm geplanten Einsparungen von Arbeitskräften würden dazu führen, daß die werkseigenen Arbeiterwohnungen und Geschäfte nicht mehr ausgelastet werden könnten (Kakar, S. 148).
60 Haber, S. 35; Kakar, S. 134—136.
61 Ebda., S. 6, 68 f. u. 105 f.; Drury, S. 140—145. Besonders deutlich kam dies in den Hearings von 1912 zum Ausdruck.

Gewerkschaften bei Einführung seines Systems überflüssig würden[62]: Die wissenschaftlich-unanfechtbare Grundlage seiner Lehren und ihr Beharren auf Harmonie anstelle von Konfrontation würde, so Taylor, Lohnstreitigkeiten fortan unsinnig machen und überdies dies Produktion so steigern, daß auch jeder Anlaß für Umverteilungskämpfe entfalle. So hatten die American Federation of Labor (fortan abgekürzt: AFL) unter ihrem Präsidenten Gompers und die dort zusammengeschlossenen Gewerkschaften allen Grund, sich bei Einführung des Taylorismus existentiell bedroht zu fühlen[63].

Anfang 1911 verabschiedete die AFL-Führung eine von Gompers eingebrachte Resolution, in der dieser Punkt angesprochen und die Mitgliederschaft aufgefordert wurde, der Taylorisierung jeden nur möglichen Widerstand entgegenzusetzen. Wenige Wochen später zog die besonders gefährdete Maschinistengewerkschaft mit einem Aufruf nach, der erstmals konkrete Schritte empfahl[64]. Da ein Taylorismus-Erfolg im Heeres-Arsenal von Watertown seiner Diffusion weiteren Vorschub leisten werde, müsse er zunächst in erster Linie *dort* bekämpft werden.

Die Gewerkschaften eröffneten diesen Kampf alsbald. Sie warben neue Mitglieder mit dem Argument, daß der Taylorisierung die strukturelle Arbeitslosigkeit auf dem Fuße folgen werde; sie bestritten die Existenz des „soldiering" und damit die Existenzberechtigung auch des Taylorsystems; sie veranlaßten die in Watertown tätigen Arbeiter, Petitionen an den Kongreß zu richten und suchten eine möglichst große Zahl von Abgeordneten unter Druck zu setzen. Schließlich inszenierten sie im August 1911 einen mehrtägigen Streik in Watertown — den ersten, der je gegen eine taylorisierte Fabrik geführt worden war[65].

Daraufhin setzte der Kongreß den bereits erwähnten Untersuchungsausschuß ein[66]. Als seine Verhandlungen die gegen das Taylorsystem erhobenen Vorwürfe entkräfteten, veranlaßten die Gewerkschaften eine neue Welle von Petitionen und versuchten außerdem, die Rücknahme der Taylorisierung von Watertown auf gesetzgeberischem Wege zu erreichen. Nach mehreren vergeblichen Anläufen gelang es ihnen schließlich im Frühjahr 1915, wenigstens ein Verbot von Zeitstudien und Prämien à la

---

62 Zum Folgenden vgl. Copley, Bd. I, S. 61 u. 406–408; Drury, S. 123–126; Kakar, S. 183–185.
63 Zum Folgenden vgl. neben dem Standardwerk über diesen Fragenkomplex (M. J. Nadworny, Scientific Management and the Unions: 1900–1932. Cambridge, Mass. 1955): Copley, Bd. II., S. 340–350 u. 403–432; Kakar, S. 182–185.
64 Zit. bei Copley, Bd. II, S. 341.
65 Zum Vorstehenden vgl. Copley, Bd. II., S. 344 f. u. 408 f.; Haber, S. 67; Drury, S. 140 f.
66 Vgl. oben Anm. 37.

Taylor durchzusetzen⁶⁷. Damit war die weitere Verbreitung des Taylorismus wenn nicht unmöglich gemacht, so doch zumindest im staatlichen Sektor empfindlich behindert. Dies schlug sich nicht zuletzt darin nieder, daß die Vereinigten Staaten während des Ersten Weltkriegs nur zögernd auf die kriegswirtschaftlichen Möglichkeiten zurückgriffen, die ihnen die globale Anwendung des Taylorsystems geboten hätte.

III.

Wenn wir uns nun der Verbreitung Taylorscher Ideen nach Deutschland zuwenden, so sei vorab daran erinnert, daß diese Diffusion in einen Kontext zunehmenden deutschen Interesses an den Vereinigten Staaten eingeordnet werden muß. Während sich die USA jahrelang damit begnügt hatten, ihre Innovationen aus Europa zu beziehen⁶⁸, entstanden dort seit den 1890er Jahren Forschungskapazitäten, die erstmals die Bewunderung europäischer Fachleute erregten⁶⁹. Etwa gleichzeitig begannen sich auch deutsche Unternehmer allmählich für die Vereinigten Staaten zu interessieren, ein Prozeß, der durch den Ausgang des spanisch-amerikanischen Krieges gefördert wurde. Besonders der Verein Deutscher Ingenieure (fortan abgekürzt: VDI) nahm nun reges Interesse an der amerikanischen Entwicklung und entsandte verschiedentlich auf Vereinskosten Berichterstatter nach den USA⁷⁰. Seit etwa 1903 verbreitete sich in Fachkreisen geradezu das Gefühl, daß die deutsche Wirtschaft einer „amerikanischen Gefahr"

---

67 Zum Vorstehenden vgl. Copley, Bd. II, S. 347–350; Haber, S. 68 f.; Drury, S. 98 f; Das Protokoll der entscheidenden, wenngleich nicht durchweg von Sachkenntnis getragenen Kongreßdebatte v. 23.3.1915 findet sich im Congressional Record, 63rd Congress 3rd Session, Bd. 52, S. 4343–4390.

68 J. B. Rae, „The Know-How Tradition: Technology in American History." in: Technology and Culture (fortan abgekürzt: TC) 1960, S. 141 f.; Th. Veblen, wie ihn Gerschenkron zitiert (R. Braun u. a., Hg., Industrielle Revolution. Wirtschaftliche Aspekte. Köln/Berlin 1972, S. 61); E. C. Kirkland, Industry Comes of Age. Business, Labor and Public Policy, 1860–1897. 2. Aufl. Chicago 1967, S. 174 f.

69 L. Burchardt, Wissenschaftspolitik im Wilhelminischen Deutschland. Vorgeschichte, Gründung u. Aufbau der Kaiser-Wilhelm-Gesellschaft zur Förderung der Wissenschaften. Göttingen 1975, S. 12 f.

70 Erste literarische Produkte waren Paul Möllers Berichte in der Zeitschrift des Vereins Deutscher Ingenieure (fortan abgekürzt: ZVDI) 47, 1903, S. 972–979 u. 1076–1083, die wenig später auch als Buch erschienen: P. Möller, Aus der amerikanischen Werkstattpraxis. Bericht über eine Studienreise in die Vereinigten Staaten von Amerika. Berlin 1904. Zu erwähnen sind ferner die Amerikareisen von Carl Dihlmann (Siemens), Fritz Neuhaus (Borsig) u. a. Neuhaus' Erfahrungen schlugen sich u. a. nieder in: Technik und Wirtschaft (fortan abgekürzt: TW) 3, 1910, S. 549 ff. u. 649 ff. Vgl. ergänzend Kranzberg, Bd. II, S. 42.

gegenüberstehe, der sie durch um so wirksamere innovatorische und organisatorische Maßnahmen begegnen müsse[71].

Diese Einstellung äußerte sich u. a. in steigender Bereitschaft, solche Verfahren gegebenenfalls auch aus den Vereinigten Staaten selbst zu übernehmen. Die in diesen Zusammenhang einzuordnende Taylorismus—Rezeption in Deutschland war dadurch gekennzeichnet, daß hauptamtliche Taylor-Propheten à la Gantt, Barth oder Gilbreth in Deutschland fehlten, während sich umgekehrt der VDI weit stärker zugunsten des Taylorsystems engagierte als die ASME. Eine nicht unbedeutende Rolle spielten daneben Einzelpersonen wie der Aachener Maschinenbau-Professor Adolf Wallichs, der Ingenieur und Gemeinwirtschafts-Theoretiker Wichard v. Moellendorff oder Julius Springer, der zahlreiche einschlägige deutschsprachige Arbeiten verlegte.

Den Ausgangspunkt für das deutsche Interesse am Taylorsystem dürften wohl die Schnellstahl-Vorführungen von Bethlehem Steel auf der Pariser Weltausstellung von 1900 gebildet haben, die gerade von deutscher Seite stark beachtet wurden[72]. Während Taylors „Piece Rate System" (1895) keinerlei Interesse gefunden zu haben scheint, wurde sein 1903 veröffentlichtes „Shop Management" offenbar bald in Fachkreisen bekannt, ebenso „On the Art of Cutting Metals" (1906). Allerdings scheint es, daß die letztgenannte Arbeit angesichts ihrer ganz offenkundigen technischen Bedeutung auf größeres Interesse stieß als der eigentliche Taylorismus: Während „On the Art of Cutting Metals" sofort nach Erscheinen in Deutschland zur Kenntnis genommen und wenig später übersetzt wurde, erschien die deutsche Ausgabe von „Shop Management" erst 6 Jahre nach der Originalausgabe. Auch fällt auf, daß die erstgenannte Arbeit uneingeschränkt positiv (und ohne jeden Bezug auf den Taylorismus) rezensiert wurde, während der Rezensent von „Shop Management" (P. Möller) im einzelnen erhebliche Bedenken gegen die Anwendung der dort formulierten Lehren in Deutschland äußerte[73].

71 Neben Möllers in Anm. 70 zitierten Berichten vgl. Kocka (1969), S. 348 f. u. 358. Für das Fortdauern dieser Vorstellungen vgl. beispielsweise W. v. Moellendorff, „Wirkungsgrad". In: ZVDI 64, 1920, S. 854. Zur Rezeption amerikanischer Formen der Techniker-Ausbildung vgl. ergänzend C. Matschoß' Reiseberichte in: ZVDI 57, 1913, S. 1529–1536, 1570–1576, 1609–1616, 1651–1654 u. 1696–1698.
72 Vgl. oben Anm. 52 sowie die Würdigungen des Schnellstahls in: ZVDI 44, 1900, S. 1666; ZVDI 45, 1901, S. 462, 1609 u. 1977.
73 Zum Vorstehenden vgl. die Rezensionen von „On the Art of Cutting Metals" (ZVDI 51, 1907, S. 1070–1075) u. der deutschen Ausgabe von „Shop Management" (ZVDI 53, 1909, S. 1460 f.), ferner Kakar, S. 170 f. Der Rezensent kritisierte im einzelnen die hohen Kosten der Taylorisierung, die innerbetriebliche Schriftlichkeit und die Institution der Funktionsmeister.

In den folgenden Jahren schritt die Taylor-Rezeption nur langsam voran[74], bis sie durch das Erscheinen der „Principles of Scientific Management" (1911) und ihrer deutschen Übersetzung (1913) neue Impulse bekam. Die letztere Neuerscheinung erhielt in der Zeitschrift des VDI eine sehr wohlwollende Rezension durch Fritz Neuhaus, die in einen Aufruf zur Taylorisierung auch *deutscher* Betriebe einmündete. Denn diejenige Nation, so schloß der Rezensent,

> „welche mit ihren Schätzen und Kräften am meisten haushält und sie mit dem höchsten Wirkungsgrad zur Anwendung bringt, wird ihren Wohlstand heben und vor den anderen einen weiten Vorsprung gewinnen"[75].

Um ein übriges zu tun, widmete der VDI seine Hauptversammlung von 1913 großenteils der Auseinandersetzung mit dem Taylorismus: Nachdem am ersten Tag ein Referat des ASME-Präsidenten Goss über „Grundlagen amerikanischer Ingenieurarbeit" verlesen worden war, in dem auch der Taylorismus kurz lobend erwähnt wurde, referierten am folgenden Tag Dodge und Schlesinger über „Industrielles Management" bzw. „Betriebsführung und Betriebswissenschaft"[76]. Beiden Referaten folgte eine lebhafte Diskussion; sie brachte zwar teilweise heftige Kritik, ließ aber zugleich erkennen, daß in weiten Ingenieurkreisen inzwischen lebhaftes Interesse am Taylorismus bestand.

Unter dem Eindruck dieser Entwicklung ließ nun auch die Deutsche Industrie-Zeitung den Taylorismus ihren Lesern durch Neuhaus vorstellen; dies war insofern kein geringer Erfolg, als sich der die Zeitschrift herausgebende Zentralverband Deutscher Industrieller dem Taylorismus gegenüber aus ähnlichen Gründen wie zahlreiche amerikanische Unternehmer bislang eher zurückgehalten hatte[77]. Wenig später erschien als erste deutsche Taylorismus-Werbeschrift Seuberts „Aus der Praxis des Taylorsystems", dicht gefolgt von Zschimmers „Philosophie der Technik", die Taylor und

---

74 Immerhin wurden in diesen, wie schon in früheren Jahren, verschiedenen Löhnungssysteme sowie Taylors Prinzip der innerbetrieblichen Schriftlichkeit auch in deutschen Fachzeitschriften diskutiert. Vgl. z. B. ZVDI 47, 1903, S. 172, 1129, 1207, 1212; ZVDI 48, 1904, S. 1590 u. 1825; Werkstatt-Technik 1909, S. 65 u. 1910, S. 29. Vgl. auch L. Berhard, Handbuch der Löhnungsmethoden. Leipzig 1906; ders., Die Akkordarbeit in Deutschland. Leipzig 1903; E. Heidebroek, Industriebetriebslehre. Die wirtschaftlich-technische Organisation des Industriebetriebes ... Berlin 1923; Kocka (1969).
75 F. Neuhaus in: ZVDI 57, 1913, S. 367–371.
76 Die Hauptreferate einschließlich des Vortrags von Goss wurden in der ZVDI gedruckt (ZVDI 57, 1913, S. 1518–1526 u. 1562–1568), die Referate von Dodge und Schlesinger im Augustheft 1913 der ebenfalls von VDI herausgegebenen Zeitschrift, „Technik und Wirtschaft".
77 Kocka (1969), S. 359.

seine Lehre ähnlich positiv beurteilte[78]. Gelegentlich traten in der Industrie inzwischen auch schon amerikanische Experten für wissenschaftliche Betriebsführung auf[79]; mit einem Wort: die deutsche Taylorismus-Rezeption begann während des letzten Vorkriegsjahres allmählich in Bewegung zu geraten.

Gleichzeitig zeigten sich erste Anzeichen einer Entwicklung, die in den folgenden Jahren die deutsche Taylorismus-Rezeption immer deutlicher von der amerikanischen unterscheiden sollte: Während das Taylor-System in den Vereinigten Staaten stets ganz überwiegend als Kunstlehre, als Management-Technologie galt, bahnte sich in Deutschland frühzeitig eine gewisse Überhöhung dieser Lehre auf der Grundlage einer kritischen Einstellung zum status quo an. Nicht zufällig wurde Taylor gerade in Deutschland gerne mit Wilhelm Ostwald in Verbindung gebracht, dessen „energetischer Imperativ" weit eher den Kern einer Lebensphilosophie als den einer technologischen Kunstlehre darstellte[80].

Auch Wichard v. Moellendorff, später ein besonders aktiver Protagonist des Taylorismus in seiner ideologisierten Form, machte in den letzten Vorkriegsjahren seine erste Bekanntschaft mit dem Taylor-System. Schon damals kündigte sich seine spätere Position an, wenn er Rathenau gegenüber seine verinnerlichte Einstellung zum Taylorismus betonte oder in der Presse für die Emanzipation der Technik vom „Taumel der Rechnung und Erfindung" warb, weil sie erst dann „den zähen Schlamm der Interessen" überwinden und in den Dienst der Gemeinschaft treten könne[81]. Zwar erscheine Taylor zunächst als reiner Technokrat, so schrieb er in einem Aufsatz mit dem bezeichnenden Titel, „Germanische Lehren aus Amerika", doch wolle er in Wirklichkeit über das rein Praktische das „Intuitive" erheben, also „den Willen des Germanen". Eine taylorisierte Volkswirtschaft werde daher „beseelt sein wie ein taciteisches Germanendorf": hier

---

78 R. Seubert, Aus der Praxis des Taylorsystems. Leipzig 1914; E. Zschimmer, Philosophie der Technik. Jena 1914, S. 71–74.
79 Vgl. z. B. Walther Rathenaus diesbezügliches Schreiben an Wichard v. Moellendorff v. 27.7.1914 (Bundesarchiv Koblenz – fortan abgekürzt BA –, Nachlaß Moellendorff – fortan abgekürzt: NM – Nr. 52).
80 W. Ostwald, Der energetische Imperativ. Leipzig 1912, S. 30–54, 81–97 u. 130–135. Vgl. auch die diesbezüglichen Hinweise in: F. W. Taylor u. R. Roesler, Die Grundsätze wissenschaftlicher Betriebsführung. München/Berlin 1913, S. X; Drury, S. 108.
81 Moellendorff an Rathenau, 29.7.1914 (BA, NM Nr. 52). Rathenaus damalige Position ist etwa erkennbar aus seiner Schrift, „Zur Kritik der Zeit" (W. Rathenau, Gesammelte Schriften. Berlin 1918, Bd. I, S. 7–148). Die zitierten Wendungen entstammen Moellendorffs Aufsatz, „Taylorismus und Antitaylorismus". In: Neue Rundschau – fortan abgekürzt: NRu – Jg. 1914, S. 413 u. seinem Sammelband, Konservativer Sozialismus. Hamburg 1932, S. 45 f. Ähnlich äußert er sich rückblickend in: TW 11, 1918, Heft 4, S. 2.

biete sich endlich eine Möglichkeit, die Übel des wirtschaftlichen Liberalismus — Unordnung, egoistisches Profitdenken, Willkür und Kurzsichtigkeit — wirksam zu bekämpfen[82].

Im übrigen erhoffte Moellendorff vom Taylorismus nicht nur mehr soziale Gerechtigkeit, sondern außerdem als Frucht erfolgreichen Rationalisierens die Rückgewinnung jener Muße, die dem Menschen im Chaos liberalen Wirtschaftens verloren gegangen war: Fortan sollten es Technik und Rationalisierung erlauben, mit verringertem Arbeitsaufwand alle Lebensbedürfnisse zu befriedigen und so den Menschen von der Lohnarbeit zu emanzipieren; an deren Stelle mochte dann ein zweckfreies, der Selbstverwirklichung des Menschen dienendes Arbeiten treten, das ihn aus den Fesseln einer durch den Liberalismus pervertierten Mechanisierung befreite[83].

Dieses waren freilich zunächst noch die Ansichten von Einzelgängern, die der weiteren Entwicklung vorgriffen. Insgesamt lag Deutschland bei Kriegsbeginn hinsichtlich der Taylorismus-Rezeption weit hinter den Vereinigten Staaten zurück. Insbesondere fehlte in Deutschland eine der Taylorisierung verpflichtete Gruppe wie die Taylor Society; auch wurde Taylors wissenschaftliche Betriebsführung an keiner deutschen Hochschule gelehrt, und vor allem: von verschwindenden Ausnahmen abgesehen, wurde der Taylorismus in Deutschland nirgends praktiziert[84]. Stattdessen galt er in Unternehmerkreisen überwiegend als ein zwar langfristig möglicherweise interessantes, zunächst aber noch recht unausgereiftes Verfahren, dessen Wert neben den schon praktizierten Management-Techniken weiterer Beweise bedurfte.

Dementsprechend reichte denn auch die inzwischen in Deutschland aufkommende Taylorismus-Kritik nach Lautstärke und Schärfe keineswegs an die amerikanische heran. Vor allem hielten sich die deutschen Gewerkschaften stärker zurück als die AFL. Dies geschah freilich nicht, weil man dort die Gefahren der Arbeitsintensivierung verkannt hätte: Die von Taylor und seinen Vorläufern propagierten Formen der Lohnberechnung waren in deutschen Gewerkschaftskreisen nie akzeptiert worden; auch fehlte es seit der Jahrhundertwende nicht an Arbeitskämpfen, die sich vorwiegend gegen die Steigerung der Arbeitsintensität richteten[85]. Eher hat es

---

82 W. v. Moellendorff, „Germanische Lehren aus Amerika." In: Die Zukunft, Jg. 1914, S. 323–332.
83 Vgl. Moellendorff in: NRu 1913, S. 260 f.; der. in: NRu 1914, S. 412–417; ders. in: Zukunft 1912, S. 425–432; Moellendorff (1932), S. 34 u. 48, Zschimmer, S. 85.
84 Einen Hinweis auf einzelne derartige Ausnahmen gibt Ermanski, S. 380. Vgl. auch R. Woldt, Der industrielle Großbetrieb. Eine Einführung in die Organisation moderner Fabrikbetriebe. Stuttgart 1911, S. 63.
85 Zum Vorstehenden vgl. Groh, S. 10 u. 22 ff. Allerdings scheinen mir die dort behaupteten Bezüge zur Arbeitsintensivierung nicht in allen von Groh genannten Fällen eindeutig nachgewiesen zu sein.

den Anschein, daß der Taylorismus in seiner Funktion als Vorreiter einer neuen Intensitätssteigerungswelle unterschätzt wurde, weil es in Deutschland bislang an konkreten Anwendungsbeispielen fehlte[86].

So wurden zwar in der Gewerkschaftspresse gelegentliche Angriffe gegen Einzelaspekte des Taylorismus laut, doch blieb es überwiegend bürgerlichen Sozialreformern überlassen, den Taylorismus kritisch zu analysieren. Hier sind in erster Linie die aus dem Verein für Sozialpolitik kommenden Stellungnahmen zu erwähnen, darunter insbesondere die Aufsätze Richard Woldts, der sich seit 1911/12 kritisch mit dem Taylorismus beschäftigte[87]. Ähnliches gilt für Emil Lederer und Wilhelm Kochmann. Beide erkannten früher als Gewerkschaften und Sozialdemokratie, daß im Taylorismus und seinen Weiterentwicklungen systemkonforme Techniken heranreiften, die dazu angetan waren, die von marxistischer Seite vorausgesagte Entwicklung wenn nicht umzukehren, so doch wesentlich zu verzögern, falls man ihnen nicht mit neuen Kampfformen entgegentrat[88].

Die publizistischen Attacken linker Intellektueller setzten demgegenüber keine sachlich neuen Akzente: Arthur Holitscher etwa geißelte in der Neuen Rundschau das „amerikanische System" im allgemeinen, Taylor und dessen „elendes, hundsföttisches Stückarbeit-Schindsystem" im speziellen; Eisner sah im Taylorismus eine „Kulturgefahr" und prophezeite, daß die Taylorisierung alle gegenwärtigen und zukünftigen Bestrebungen des Proletariats „mit einem Schlage vereiteln" werde. Als Wallichs einen ähnlichen Angriff in der Frankfurter Zeitung zu widerlegen suchte, kommentierte ihn die Redaktion mit den Worten, es sei mit dem Taylorismus „eine eigene Sache — fast alle, die sich dafür aussprechen, sind Techniker"; hingegen seien seine „kulturellen Folgen" noch völlig ungeklärt[89].

IV.

Für die Taylorismus-Diffusion innerhalb der Vereinigten Staaten bedeutete, wie schon angedeutet, der erste Weltkrieg keinen allzu tiefen Einschnitt. Zwar brachte der Krieg in den USA einen gewaltigen industriellen Produktionsanstieg, doch fehlte der für die deutsche Entwicklung jener Jahre so charakteristische Zwang zum Aufbau einer Kriegswirtschaft unter

---

86 Groh, S. 13 f.
87 Details finden sich ebd., wo auch die einschlägigen publizistischen Stellungnahmen nachgewiesen werden.
88 Details bei Groh, S. 15.
89 A. Holitscher, „Chicago. Eine Impression." In: NRu 1912, S. 1098—1122; K. Eisner, „Taylorismus." In: NRu 1913, S. 1448—1453. J. Sachs in: Frankfurter Zeitung v. 2.2.1913, 1. Morgenblatt; A. Wallichs in: Frankfurter Zeitung v. 23.2. 1913; die Nachschrift der Redaktion findet sich ebd.

der Nebenbedingung äußerster Sparsamkeit. Da überdies die Efficiency-Bewegung der letzten Friedensjahre inzwischen wieder abgeflaut und Taylor 1915 überraschend verstorben war, verlor der Taylorismus mit dem öffentlichen Interesse zugleich auch einen wesentlichen Integrationsfaktor; der zumindest partielle Sieg der Gewerkschaften in Watertown, der sich fortan alljährlich bei der Haushaltsbewilligung im Kongreß wiederholte, zeigte dies sehr deutlich.

Zwar brachten die 18 Monate nach dem Kriegseintritt der Vereinigten Staaten eine vaterländisch getönte Reprise der Efficiency-Bewegung, doch blieb sie ohne tiefgreifende Folgen: Die Organisation der amerikanischen Kriegswirtschaft bot keinen Anreiz für Produktivitätssteigerungen à la Taylor, so daß gelegentlich sogar bereits taylorisierte Firmen ihre Produktion wieder auf das alte, unter Gewinnaspekten für sie günstigere System umstellten. Erschwerend kam hinzu, daß nun zahlreiche Tayloristen als „Dollar-a-year-men" in den Staatsdienst überwechselten[90]. Insgesamt wurde die Taylorismus-Diffusion demnach durch den Krieg eher behindert als gefördert.

In Deutschland lagen die Dinge weitaus komplizierter. Mit Kriegsbeginn brachen die Kontakte nach den USA vorübergehend ab[91]. Überdies wurde die innerdeutsche Taylorismus-Diskussion alsbald überlagert und zeitweise fast verdeckt von der Erörterung der vordringlicheren Frage, wie die Organisation der deutschen Kriegswirtschaft auszusehen habe.

So wurde zwar auch während der Kriegsjahre die Diskussion weitergeführt, doch geschah dies keineswegs mit der Intensität, die nach den Anfängen von 1913/14 an sich nahegelegen hätte. Im Januar 1915 warb Wallichs vor dem Verein deutscher Gießereifachleute für die Anwendung des Taylorismus im Gießereibetrieb – freilich nur mit bescheidenem Erfolg: Als gegen Kriegsende im gleichen Kreis erneut über dieses Thema gesprochen wurde, rühmte der Referent zwar das Taylorsystem als „die größte Erfindung des vorigen Jahrhunderts", mußte aber zugeben, daß in Deutschland auf diesem Sektor bislang noch wenig geschehen sei. Um so dringlicher empfahl er seine Einführung in der Nachkriegszeit, da Deutschland dann „wohl mehr als ... irgendeine andere Nation" auf Effizienz und Sparsamkeit werde achten müssen. Als eine erste diesbezügliche Sofortmaßnahme kündigte er an, daß die Vereinsleitung eine betriebswissenschaftliche Bera-

---

90 Zum Schicksal des Taylorismus seit dem amerikanischen Kriegseintritt vgl. ausführlich Haber, S. 39, 42–50 u. 117–122.

91 Dies wird u. a. deutlich aus einem Vergleich der Erscheinungsdaten der seit etwa 1912 aufgelegten amerikanischen Taylorismus-Arbeiten mit den Erscheinungsjahren ihrer deutschen Ausgaben: Vor dem Krieg waren sie mit einer durchschnittlichen Verzögerung von gut 3 Jahren erschienen, durch den Krieg verdoppelte sich diese Verzögerung.

tungsstelle für ihre Mitglieder einrichten und durch Vorträge weiterhin für den Taylorismus werben werde[92].

Damit war ein Punkt angesprochen, der in der Taylor-Diskussion der Kriegsjahre immer wieder auftauchte: Anfangs ließ das damals vorherrschende Leitbild vom kurzen, nur einige Monate dauernden Krieg eine Taylorisierung zu kriegswirtschaftlichen Zwecken als unnötig erscheinen. Als sich diese Auffassung unter dem Druck der Ereignisse zu wandeln begann, erlaubte der herrschende Zeit- und Faktormangel keine Reorganisation solchen Ausmaßes mehr. Angesichts dessen wurde die Inangriffnahme des Projekts wenigstens für die Nachkriegszeit empfohlen, die — wie man allgemein richtig annahm — Deutschland vor besonders schwere wirtschaftliche Probleme stellen würde. Je nach ihrer wirtschaftspolitischen Grundeinstellung bezogen die Urheber derartiger Vorschläge ihre Anregungen auf individuelle Betriebe oder aber — wie noch zu zeigen sein wird — auf die deutsche Volkswirtschaft als Ganzes.

Der Stagnation in der Taylorismus-Diskussion entsprach die Praxis: Zwar scheinen in Einzelfällen schon bestehende Werke taylorisiert und Neuplanungen nach den Grundsätzen wissenschaftlicher Betriebsführung ausgelegt worden zu sein[93], doch unterblieben nennenswerte staatliche oder privatwirtschaftliche Aktivitäten fast völlig. Gewiß wurden während der Kriegsjahre alle kriegswichtigen Rohstoffe zentral bewirtschaftet und immer neue Programme zur Produktionssteigerung aufgestellt und mit mehr oder minder großem Erfolg verwirklicht. Auch fehlte es besonders in der Rüstungsindustrie keineswegs an Bestrebungen, zur Massenproduktion überzugehen[94]. Schließlich sei daran erinnert, daß in diesem Zusammenhang erste Versuche erfolgten, die Massenproduktion durch die Entwicklung reichsweit verbindlicher Normen effizienter zu gestalten[95].

Alles dies war freilich kaum mehr als eine Anpassung längst erprobter amerikanischer Produktionsverfahren an die deutschen Verhältnisse, nicht aber Taylorisierung im strengen Sinn. Taylors Zeitstudien und Prämien-

---

92 Vgl. den Bericht in: ZVDI 59, 1915, S. 205 f. Vgl. auch: Stahl und Eisen 35, 1915, S. 1198–1203 u. 1323–1328. S. Werners Referat v. 20.9.1918 findet sich in: Stahl u. Eisen 38, 1918, S. 1097–1100. Vgl. auch C. Humperdincks ähnliche Ausführungen in: Stahl und Eisen 37, 1917, S. 1085–1087.
93 Solche Einzelbeispiele werden erwähnt in: E. Herbst, Der Taylorismus als Hilfe in unserer Wirtschaftsnot. 2. Aufl. Leipzig 1920, S. 28; G. Schlesinger, „Das neue Werk der Hirsch Kupfer- u. Messingwerke AG". In: ZVDI 66, 1922, S. 949–954, 969–972 u. 1021–1024.
94 Vgl. Hierzu bes. G. D. Feldman, Army, Industry and Labor in Germany 1914–1918. Princeton 1966 u. die dort genannte Literatur. Eine knappe Zusammenfassung bietet G. Hardach, Der Erste Weltkrieg. München 1973, S. 63–82.
95 Seit 1917 arbeitete der Normalienausschuß für den Maschinenbau. Einen ersten Erfolgsbericht gab Schlesinger in: ZVDI 62, 1918, S. 887–896, 915–926 u. 938 ff.

bzw. Pensumsystem wurden nicht übernommen, ebenso die Planungsabteilung. Vor allem aber fehlte der – nach Taylor – philosophische Kerngedanke seines Systems, nämlich die Bereitschaft zur partnerschaftlichen Zusammenarbeit zwischen Arbeitern und Unternehmern. Stattdessen entstand ein kriegswirtschaftliches System, das von Unternehmerseite immer wieder zur Gewinnsteigerung auf Kosten der Arbeitnehmer benutzt wurde; Warnungen aus dem preußischen Kriegsministerium, daß dieses Vorgehen Taylors Empfehlungen für die Produktivitätssteigerung zuwiderlaufe[96], hatten demgegenüber keinen dauerhaften Erfolg.

Vor dem Hintergrund dieser Entwicklung muß das Aufkommen „gemeinwirtschaftlicher" Gedanken vor allem in der zweiten Kriegshälfte gesehen werden. Ihre Träger waren meistens schon in der Vorkriegszeit als Verfechter jener ideologisierten deutschen Taylorismus-Variante hervorgetreten, die wir oben am Beispiel Moellendorffs kennenlernten. Diese kleine, aber publizistisch rege Gruppe um Moellendorff und (zeitweise) Rathenau hatte die vorstehend skizzierte Entwicklung besorgt verfolgt und gelegentlich publizistische Vorstöße unternommen[97]. Schließlich legte Moellendorff seinen Standpunkt ausführlicher in seiner 1916 veröffentlichten Schrift, „Deutsche Gemeinwirtschaft" dar. Ausgehend von scharfer Kritik am kriegswirtschaftlichen status quo unter dem Gesichtspunkt gesamtwirtschaftlicher Effizienz forderte er dort die „Gemeinwirtschaft" aller Staatsbürger: Sie definierte er als eine „zugunsten der Volksgemeinschaft planmäßig betriebene, gesellschaftlich kontrollierte Volkswirtschaft", die überwiegend von wirtschaftlichen Selbstverwaltungsorganen getragen werden sollte[98].

Vorausgehen mußte allerdings ein Umdenkungsprozeß: Die Gemeinwirtschaft war erst dann realisierbar, wenn die einzelnen Wirtschaftssubjekte es gelernt hatten, gesamtwirtschaftliches Verantwortungsbewußtsein zu entwickeln, „geständig wie Steuerzahler und dienstpflichtig wie Soldaten" zu werden[99]. Die eigentliche Kerntruppe der neuen Wirtschaftsform soll-

---

96 Feldman, S. 86; Heidebroek, S. 203.
97 Vgl. z. B. Moellendorffs Manuskripte, „Begriff, Wesen und Ausbildung kriegsbereiter Wirtschaftsformen" v. Juli 1915 u. „Die Kriegswirtschaftskurve" v. Dezember 1915 (BA, NM Nr. 24 alt).
98 W. v. Moellendorff, Deutsche Gemeinwirtschaft. Berlin 1916, S. 15, 17, 32 u. 39 f. Die zitierte Wendung entstammt Moellendorffs Denkschrift, „Der Aufbau der Gemeinwirtschaft" v. 7.5.1919 (Gedruckt in: Moellendorff (1932), S. 119). Für die Weiterentwicklung der Moellendorffschen Ansichten, die hier nicht im einzelnen behandelt werden kann, vgl. seine Denkschriften v. 24.12.1916 u. 7.2.1917 (Moellendorff (1932), S. 216–219) u. seine Schrift, „Von Einst zu Einst". Berlin 1917.
99 Moellendorff (1916), S. 27 f., 34 f., u. 40. In dieselbe Richtung zielte auch Moellendorffs etwa gleichzeitiger Entwurf eines „Kriegsleistungsgesetzes" (BA, NM Nr. 11), der in wesentlichen Punkten noch über das spätere Hilfsdienstgesetz hinausging.

ten die Techniker bilden: Die Ingenieure, die Moellendorff später einmal als „Priester des Wirkungsgrades, der angewandten, objektiven Kausalität" bezeichnete, schienen ihm nach Vorbildung und Arbeitsweise besonders geeignet, unpolitisch und unbestechlich über der gesamtwirtschaftlichen Effizienz zu wachen[100].

Das Echo der Leserschaft spiegelte den Meinungsstreit wider, der in der zweiten Kriegshälfte um die zukünftige Gestaltung der deutschen Wirtschaft geführt wurde: Die Unternehmerschaft (soweit sie überhaupt Kenntnis nahm) verwahrte sich gegen Moellendorffs Pläne, und in militärischen Kreisen scheint man ihnen kaum mehr Sympathien entgegengebracht zu haben[101]. Dagegen zeigten sich Techniker und antiliberale Publizisten angetan. Vom Ausschuß für wirtschaftliche Fertigung des VDI kamen zustimmende, von der Redaktion der „Technischen Monatshefte" und von verschiedenen Einzelpersonen begeisterte Kommentare[102]; Rathenau äußerte sich in „Von kommenden Dingen" ähnlich und empfahl einige Monate später dem Reichskanzler für die Nachkriegszeit eine auf der Basis „wissenschaftlicher Durchdringung der Arbeits- und Verkehrsmethoden" beruhende „Rationalisierung der Wirtschaft". Die Reichsleitung reagierte verhalten wohlwollend[103].

Neben Rathenau propagierten in den beiden folgenden Jahren Moellendorff und einzelne andere Publizisten weithin ähnliche Gedanken. Gemeinsam war ihnen bei aller Divergenz im Detail die Überzeugung, daß sich die deutsche Volkswirtschaft in Zukunft stärker an gemeinwirtschaftlichen Leitbildern werde orientieren müssen, wenn sie den zu erwartenden innen- und außenpolitischen Belastungen gewachsen sein wollte. Durchweg maßen sie der Technik bei der Erledigung dieser Ausgaben großes Gewicht bei.

---

100 Moellendorff (1916), S. 27; ders. (1917), S. 3. Die zitierte Wendung entstammt Moellendorffs Aufsatz „Wirkungsgrad" (ZVDI 64, 1920, S. 854). Vgl. auch schon seine Charakterisierung des Ingenieurs in: Die Zukunft, Jg. 1912, S. 430.
101 Einige Beispiele finden sich in: BA, NM Nr. 11. Für die Reaktion der Militärs kann Seeckts Antwort auf ähnliche Ausführungen Rathenaus als typisch gelten: „Ich sehe nur schaudernd die Beschränkung der individuellen Freiheit und folge zögernd auf einem Weg, dessen Ziel für mich im Dunkeln einer kommunistischen Gesellschaft liegt". (Seeckt an Rathenau, 22.2.1917: BA, Nachlaß Rathenau Nr. 2, Bl. 29 f.).
102 Die betr. Schreiben finden sich in: BA, NM Nr. 11 u. Nr. 25.
103 W. Rathenau, „Von kommenden Dingen". (= Gesammelte Schriften Bd. III). Rathenaus Denkschrift für Bethman v. 26.4.1917 findet sich in: W. Rathenau, Politische Briefe. Dresden 1929, S. 111–119. Für die Reaktion der Reichsleitung vgl. Rathenaus Tagebuch v. 5.5.1917 (W. Rathenau, Tagebuch 1907–1922. Hg. H. Pogge – v. Strandmann. Düsseldorf 1967, S. 213–215.

V.

Das Ende des Krieges löste in den Vereinigten Staaten zunächst eine reformistische Welle aus, die alsbald auch die Tayloristen erfaßte[104]. Die Zeit schien reif für Demokratisierungsmaßnahmen in Staat und Wirtschaft, wie sie von den „Progressives" seit langem verlangt worden waren. Unter dem Eindruck dieser Forderungen und der positiven Erfahrungen, die zahlreiche während des Krieges im Staatsdienst tätige Tayloristen mit milden Formen von Arbeitermitbestimmung gemacht hatten, wandelte sich nun auch die Einstellung jener orthodoxen Tayloristen, die solche Tendenzen bislang energisch bekämpft hatten. So schien die landesweite Verbreitung eines derart reformierten Taylorismus nur noch eine Frage der Zeit zu sein.

Die „Red Scare" von 1919 ließ die vorübergehend zurückgetretenen Gegensätze zwischen liberalem Bürgertum und Arbeiterschaft wieder aufbrechen und signalisierte damit das Ende der kurzen Reformära[105]. Die Tayloristen reagierten auf diesen plötzlichen Klimawechsel verzögert und gerieten dadurch vorübergehend in die Nachbarschaft radikaler Gruppen wie der „Industrial Workers of the World" und der Anhänger von Thorstein Veblen und John Rogers Commons. Vor allem aber besserte sich das Verhältnis der Gewerkschaftsführer zum Taylorismus, gipfelnd in der mit Gewerkschaftshilfe vollzogenen Taylorisierung der Baltimore and Ohio Railroad[106].

Wenig später erschien die formal unter Herbert Hoovers Leitung, faktisch überwiegend von der Taylor Society erstellte Enquête, „Waste in Industry" mit ihren ganz auf der Linie dieses progressiven Taylorismus liegenden Schlußfolgerung. Inzwischen hatte sich freilich das politische Klima so stark in konservativer Richtung gewandelt, daß die ursprünglichen Auftraggeber, die Vereinigten Amerikanischen Ingenieurgesellschaften (Federated American Engineering Societies) den Bericht zurückwiesen[107].

„Waste in Industry" war im Grunde bereits ein Rückzugsgefecht der Progressiven. In den folgenden Jahren holte der Taylorismus die Rechtsschwenkung nach, die die öffentliche Meinung seit 1919/20 vollzogen

---

104 Zum Folgenden vgl. ausführlich Haber, S. 127–133.
105 Zum Folgenden vgl. ebd., S. 134–159. Eine bis heute lesenswerte Schilderung der Red Scare enthält F. L. Allen, Only Yesterday. N.Y./London 1931, S. 45–75.
106 Haber, S. 138–150. Wie weit die Einzelgewerkschaften und die gewerkschaftliche Basis diesen Schritt mitvollzogen, ist unklar. Vgl. H. Pelling, American Labor. 9. Aufl. London 1974, S. 138 f.
107 Committee on Elimination of Waste in Industry of the Federated American Engineering Societies, Hg., Waste in Industry. New York 1921. Zur Genese und zur Aufnahme des Berichts in der Öffentlichkeit vgl. Haber, S. 156–159.

hatte. Unter ihrem Einfluß gerann er endgültig zur reinen Kunstlehre wissenschaftlicher Betriebsführung, die alle politischen, moralischen und sozialen Implikationen ihres Tuns bewußt ausklammerte. Früher habe er, so äußerte ein prominenter Taylorist denn auch alsbald, an die soziale Verantwortung des Ingenieurs geglaubt; inzwischen wisse er, daß seine Aufgabe allein darin liegen könne, „die betriebliche Leistungsfähigkeit sicherzustellen"[108].

In den folgenden Jahren wurde der amerikanische Taylorismus dementsprechend mehr und mehr auf die Wünsche und Bedürfnisse der Großindustrie zugeschnitten; die Funktion des Unternehmers im taylorisierten Betrieb wurde aufgewertet, das „Produktionsgebot" des orthodoxen Taylorismus durch steigendes Interesse an Vermarktungsfragen zurückgedrängt. Der Arbeiter, den Taylor stets als individuellen homo oeconomicus behandelt sehen wollte, wurde nun als wirtschaftlich nur mäßig interessantes Gruppenmitglied betrachtet, das inner- wie außerhalb des Betriebs einer festen Führung bedürfe[109]. Mit einem Wort: der Taylorismus mauserte sich zur modernen Betriebswirtschaftslehre heraus, die nun auch die Forschungsergebnisse der angewandten Psychologie in der Form von „human engineering" und „personnel management" berücksichtigte und das Konzept der „Fließarbeit" (flow production) in seiner durch Ford perfektionierten Form verbreitete[110].

Die gleichzeitige *deutsche* Entwicklung stand zunächst im Zeichen des militärischen und politischen Zusammenbruchs. Er wurde weithin fälschlich auch als Zusammenbruch der deutschen Wirtschaftsverfassung gedeutet, was wiederum das Entstehen der Vorstellung begünstigte, daß man sich gleichsam in einer „Stunde Null" befinde und frei unter den verfügbaren wirtschaftspolitischen Optionen wählen könne[111]. In dieser Situation trat auch der Taylorismus wieder stärker in den Vordergrund. Zwar erreichte das allgemeine Interesse daran bei weitem nicht das in den Vereinigten Staaten zwischen 1911 und 1914 feststellbare Ausmaß, doch hob es die deutsche Taylor-Rezeption zweifellos auf eine neue Stufe. Dies schlug sich schon rein äußerlich in einem deutlichen Anstieg der mit wis-

---

108 Ebd., S. 161–167. Die zitierte Wendung Harrington Emersons findet sich ebd., S. 161. Ihr kommt um so größeres Gewicht zu, als Emerson lange gleichsam die Funktion eines Chefideologen des amerikanischen Taylorismus ausfüllte.
109 Haber, S. 165.
110 Human engineering: Kranzberg, Bd. II, S. 61–63; Boorstin, S. 369 f.; Drury, S. 102 f. – Flow production: Boorstin, S. 546–555; Rae in: TC 1960, S. 148; B. Harms, Hg., Strukturwandlungen der deutschen Volkswirtschaft. 2. Aufl. Berlin 1929, Bd. I, S. 243 f.
111 Vgl. Moellendorffs Aufsätze in der Vossischen Zeitung v. 14.9.1918 (Morgenblatt) und in der Deutschen Allgemeinen Zeitung v. 12.2.1919, ferner sein Manuskript „Die neue Wirtschaft" v. 1.2.1919 (Moellendorf (1932), S. 101 f.).

senschaftlicher Betriebsführung und ihren Nachbargebieten befaßten Literatur (einschließlich deutscher Ausgaben der seit den letzten Vorkriegsjahren erschienenen amerikanischen Arbeiten) nieder[112].

Wie in den Vorkriegs- und Kriegsjahren, so blieb auch weiterhin eine — gemessen am amerikanischen Vorbild — verstärkte Ideologisierung des Taylorismus kennzeichnend. Zusammenbruch und Revolution hatten das soziale Konfliktpotential gewaltig ansteigen lassen; überdies waren der industrielle Produktionsapparat abgewirtschaftet, Arbeitswille und Produktivität stark gesunken[113]. Während die „Bodenreformer" die dadurch aufgeworfenen Probleme vorzugsweise durch eine großzügige Siedlungspolitik zu lösen hofften[114], gingen die Tayloristen davon aus, daß die wissenschaftliche Betriebsführung weit wirksamere Möglichkeiten biete.

Im Zentrum der Diskussion stand angesichts der katastrophalen Wirtschaftslage die Notwendigkeit, „der todkranken deutschen Volkswirtschaft tatkräftig auf die Beine zu helfen". Als geeignetes Instrument dafür galt die Produktivitätssteigerung durch Taylorisierung, hatte doch die Revolution scheinbar „manche Bedenken beseitigt, welche in einer rein privatkapitalistischen Wirtschaftsordnung der Durchführung einer solchen im Wege standen"[115].

Zur Realisierung des Programms schienen weiterhin in erster Linie die Ingenieure berufen. Rieppel hatte ihnen schon 1917 die Nachkriegsaufgabe gestellt, „ihre Arbeitsvorgänge mit höchstem wirtschaftlichem Wirkungsgrad durchzuführen". Moellendorff sprach vom Auftrag einer vollkommenen Technisierung" an die Ingenieure, nachdem Politik und Wirtschaft gescheitert seien, und ähnliche Stimmen fanden sich in großer Zahl[116]. Mithilfe der Tayloristen gedachte Moellendorff, inzwischen Unter-

---

112 Eine (unvollständige) Auszählung ergibt folgende Zahlen: vor 1914 erschienen 14 einschlägige Bücher, während des Krieges 3, zwischen 1919 u. 1922 dagegen 25 sowie eine große Zahl von Aufsätzen. Ab 1923 sank das Publikationsvolumen wieder deutlich ab.
113 Durchgehende Zeitreihen zur Produktivität existieren für die Kriegs- und ersten Nachkriegsjahre nicht; zur Gesamtentwicklung vgl. die Daten bei W. G. Hoffmann u. a., Das Wachstum der deutschen Wirtschaft seit der Mitte des 19. Jh. Berlin 1965, S. 69—78. Typisch dürften die von Göhring 1920 für den berg- u. hüttenmännischen Bereich gemachten Angaben sein (Stahl u. Eisen 40, 1920, S. 832 f.).
114 Diese Auffassung wurde z. B. vertreten in: F. Oppenheimer, Kapitalismus, Kommunismus, wissenschaftlicher Sozialismus. Berlin/Leipzig 1919.
115 Zum Vorstehenden vgl. G. Winter, Der Taylorismus. Handbuch der wissenschaftlichen Betriebs- u. Arbeitsweise für die Arbeitenden aller Klassen, Stände u. Berufe. Leipzig 1920, S. VIII; R. Wissell, Praktische Wirtschaftspolitik. Berlin 1919, S. 2 f. u. 132; Seubert (1914), 3. Aufl. 1919, S. VI; Herbst, S. 3; O. Goebel, Selbstverwaltung in Technik und Wirtschaft, Berlin 1921, S. 3 f.
116 A. Rieppel, „Richtlinien für die Zukunftsaufgaben der Ingenieure". In: ZVDI 61, 1917, S. 1—5; W. v. Moellendorff, „Wirkungsgrad". In: ZVDI 64, 1920, S. 853—

staatssekretär im Reichswirtschaftsamt, denn auch in den ersten Nachkriegsmonaten eine Serie „verzweifelter Notmaßnahmen" zu treffen. Ihnen sollte sich eine Phase des „wirtschaftlichen Notbaus" anschließen, die ihrerseits in die schrittweise Vergesellschaftung der Wirtschaft durch „praktische Sozialisierung" einmünden sollte[117].

Von der Muße, die Moellendorff vor dem Krieg als Lohn der Taylorisierung versprochen hatte, konnte unter den 1918/1919 herrschenden Umständen allerdings schwerlich die Rede sein, denn zunächst ging es um das Erhalten des Reichs durch Wiederbelebung seiner Wirtschaft. War jedoch dieses Zwischenziel erst erreicht und der Zwiespalt zwischen Individuum und Gesellschaft durch graduelle Sozialisierung mithilfe des Taylorsystems überwunden, so konnte die Arbeitszeit verkürzt und die neugewonnene Freizeit für „Muße, Spiel, Genuß oder Arbeit" genutzt werden. Hier sah Moellendorff die künftige Aufgabe des Taylorismus, den er auch weiterhin in erster Linie nicht unreflektierter Produktmaximierung, sondern der Selbstverwirklichung des Menschen dienstbar machen wollte[118].

Einig waren sich die Befürworter solcher und ähnlicher Projekte in zwei Punkten, die auch in der gleichzeitigen amerikanischen Diskussion gelegentlich, wenngleich an weit weniger zentraler Stelle auftauchten: Wenn überhaupt taylorisiert werden sollte, so durfte dies unter den gegebenen Verhältnissen nur im gesamtwirtschaftlichen Rahmen und als Teil eines umfassenden Reformprogramms (über dessen Aussehen die Meinungen allerdings divergierten) geschehen; der Taylorismus als Instrument privatkapitalistischer Profitmaximierung wurde dagegen ausdrücklich verworfen. Der zweite Punkt hing mit diesem ersten eng zusammen: Es mußte sichergestellt sein, daß der Taylorismus nicht selbst dann noch „in den Händen eines gewinnsüchtigen Unternehmers" zur Sabotage an der erstrebten neuen Wirtschaftsordnung mißbraucht werden konnte. Soweit sie sich überhaupt für die Taylorisierung erwärmen konnten, verlangten auch die Vertreter von SPD und USPD solche Kontrollen als Mindestvoraussetzung[119]; freilich blieben sie weiterhin skeptisch gegenüber einem System,

---

856; F. Meyenberg, „Die Grundlagen wissenschaftlicher Betriebsführung — eine Hilfe beim wirtschaftlichen Wiederaufbau". In: Technik u. Wirtschaft 12, 1919, S. 353–365. Vgl. auch die in der vorhergehenden Anmerkung genannte Literatur.

117 Details zu diesem Konzept enthalten verschiedene in Moellendorff (1932) abgedruckte Denkschriften der Jahre 1918 u. 1919 (S. 17 ff., 107 ff. u. 220 ff.). Vgl. auch die undatierte Moellendorff-Denkschrift v. ca. Dezember 1918 im BA, NM Nr. 49 alt; C. Ballod, Der Zukunftsstaat. Produktion u. Konsum im Sozialstaat. 2. Aufl. Stuttgart 1919, S. 41 u. 207.

118 Vgl. Moellendorff in: ZVDI 64, 1920, S. 854–856; ders. in: Technik und Wirtschaft 11, 1918; ders. in: Moellendorf (1932), S. 202 f.; Ballod, S. 42 f. u. 61 ff.

119 Vgl. die bei Winter, S. 28 f. u. 232 zitierten Stellungnahmen führender Sozialdemokraten, ferner Ballod, S. 169; „Rückkehr zur Akkordarbeit". In: Reichsarbeits-

das selbst in seiner gemeinwirtschaftlichen Variante nur allzu leicht als verschleierte Neuauflage des verhaßten Akkordsystems erscheinen konnte[120].

Im Grunde sollte also der technische Fortschritt (in Gestalt des Taylorismus) als Mittel zur Emanzipation von den Problemen dienen, die Industrie und Technik — nach Meinung der deutschen Tayloristen — unter liberaler Führung mit heraufbeschworen oder jedenfalls verschärft hatten[121]. Hier vermischten sich eine gerade in Ingenieurkreisen nicht seltene Liberalismus- und Kapitalismuskritik mit standespolitischen Ressentiments gegen eine Staats- und Gesellschaftsordnung, unter der sich die Ingenieure jahrzehntelang gegenüber anderen akademischen Berufen zurückgesetzt gefühlt hatten.

Anders als die Mehrzahl seiner amerikanischen Kollegen verstand sich der deutsche Ingenieur langezeit als „reiner" Ingenieur, als Akademiker ohne wirtschaftliche oder unternehmensorganisatorische Interessen. Zwar zeichnete sich seit der Jahrhundertwende ein allmählicher Wandel seines Selbstverständnisses ab, doch scheint dieser Prozeß erst während des Krieges weitere Kreise ergriffen zu haben[122]. Er erreichte seinen Höhepunkt in den späten Kriegs- und ersten Nachkriegsjahren: Nun sah sich der Ingenieur aufgerufen, die zwischen technischem und sozialem Entwicklungsstand klaffende „kulturelle Lücke" (Ludwig) durch „Milderung der Klassengegensätze" zu schließen und generell sein sozialpolitisches Engagement zu verstärken[123]. Dahinter stand zu einem guten Teil die Hoffnung, daß der Ingenieur mithilfe der Technik eine bessere und ehrlichere Welt werde schaffen können, wenn ihn die Gesellschaft nur mit den nötigen Kompetenzen ausstatte[124].

blatt 1919, S. 846—851; O. Bauer, Kapitalismus und Sozialismus nach dem Weltkrieg. Bd. I, Berlin 1931, S. 162 f. Die zitierte Wendung entstammt Rathenaus Schreiben an G. Graf Arco v. 11.4.1919 (W. Rathenau, Briefe. Bd. II, Dresden 1926, S. 140).

120 Winter, S. 85; Bauer, a. a. O.

121 Auf die zeitgenössische Liberalismuskritik kann hier nicht näher eingegangen werden. Material dazu findet sich u. a. in: Moellendorff (1916), S. 5—10, 18—23 u. 29 f.; ders. (1932), S. 102 u. 113; ders. in: Deutsche Allgemeine Zeitung v. 12.2. 1919; Wissell, S. 4. Vgl. ferner zahlreiche Beiträge in dem von A. Moeller van den Bruck u. a. herausgegebenen Sammelband, „Die Neue Front" (Berlin 1922). Zum Fortbestehen ähnlicher Ansichten in Ingenieurkreisen vgl. das Material bei K. H. Ludwig, Technik u. Ingenieure im Dritten Reich. Düsseldorf 1974, S. 88. Vgl. auch ebd., S. 52; Zschimmer, S. 26, 41, 155 etc.

122 Die Anfänge dieses Prozesses beschreibt Kocka (1969), S. 369—371. Vgl. ergänzend ebd., S. 346 u. 351; Moellendorff in: ZVDI 64, 1920, S. 854 f.; ders. (1932), S. 10 u. 96.

123 Das Zitat findet sich bei A. v. Rieppel, Ingenieur und öffentliches Leben. Berlin 1917, S. 13. Vgl. ferner Ludwig, S. 45 f. u. 49 f.; Moellendorff, a. a. O.; ders. (1916), S. 24—28.

124 Zschimmer, S. 43, 55, 63 u. 85; Masur, S. 409; Kranzberg, Bd. II, S. 695 f. Ein-

Von diesem Punkt aus war es nur noch ein kleiner Schritt bis hin zur Standespolitik; es kann schwerlich bezweifelt werden, daß die Taylorismus-Kampagne der ersten Nachkriegsjahre eine ausgeprägte standespolitische Komponente enthielt und nicht zuletzt deshalb vom VDI mitgetragen wurde. Ihren Kern bildete die Forderung, dem Ingenieur den Zugang zum höheren Verwaltungsdienst zu öffnen. Nachdem mehrere frühere diesbezügliche Anläufe des VDI am Widerstand der Reichsleitung gescheitert waren[125], sah der Verein nach Kriegsende eine Chance, doch noch zum Erfolg zu kommen. Er inszenierte eine publizistische Kampagne und richtete Eingaben an verschiedene Preußische bzw. Reichsministerien, in denen eine Abänderung der entgegenstehenden gesetzlichen Bestimmungen gefordert wurde[126].

In diesem Zusammenhang wurden vor allem drei Argumente immer wieder herangezogen: Der Ingenieur, so war schon vor dem Krieg gelegentlich behauptet worden, sei kraft seiner Ausbildung nicht nur Konstrukteur, sondern auch Organisator; dieser Gedankengang wurde nach 1918 wider aufgegriffen und präzisiert. Angesichts der prekären deutschen Gesamtlage, so argumentierte man nun, müsse „an die Stelle des kaufmännisch-privatwirtschaftlichen Geistes der technisch-gemeinwirtschaftliche treten"; daraus ergebe sich zwingend die Notwendigkeit, den Ingenieur stärker als bisher an der Verantwortung für Deutschlands Wiederaufbau zu beteiligen[127].

Das zweite Argument hob auf den wissenschaftlichen Charakter der Technik ab: Ihre wissenschaftliche Fundierung ermögliche es dem Techniker, die jeweils objektiv beste Lösung zu finden und so „der neutrale Punkt im Getriebe der gesellschaftlichen Motive" zu werden[128]. Diese schon bei Tay-

schränkend äußerte sich nach den Erfahrungen des 1. Weltkriegs Moellendorff. Vgl. Moellendorf (1932), S. 177 u. 180; ders. in: ZVDI 64, 1920, S. 854.
125 Vgl. die Eingaben des VDI v. 9.8.1909, v. 13.6.1916 (ZVDI 53, 1909, S. 1391 u. ZVDI 60, 1916, S. 624) u. den zusammenfassenden Bericht in: ZVDI 63, 1919, S. 1243, ferner Rieppel in: ZVDI 61, 1917, S. 987.
126 Vgl. die beiden im VDI-Verlag erschienenen Schriften, Der Ingenieur in der Verwaltung. Berlin 1919; K. Klein, Demokratie, Verwaltungsreform und Technik. Berlin 1919; Eingabe des VDI v. 9.5.1919 (ZVDI 63, 1919, S. 495), vom Dezember 1919 (ebd., S. 1324) u. v. 3.7.1920 (ZVDI 64, 1920, S. 563 f.); Moellendorff in: ZVDI 64, 1920, S. 853–856. In erster Linie richtete sich die Kritik gegen das Gesetz über die Zulassung zum höheren Verwaltungsdienst v. 10.8.1906.
127 Anfänge finden sich u. a. bei E. Mach, wie ihn Bauer, S. 125, zitiert; P. Beck in: Technik und Wirtschaft 5, 1912, S. 475; Hassenstein in: ZVDI 62, 1918, S. 885–887. Das Zitat entstammt der Resolution der Reichstagung deutscher Technik v. 9.2.1919 (ZVDI 63, 1919, S. 174 f.). Vgl. ergänzend ebd., S. 179 f.; Rudolphi in: ZVDI 65, 1921, S. 539–544; Moellendorff (1932), S. 158–160.
128 Moellendorff in: ZVDI 64, 1920, S. 856. Erste Anklänge finden sich schon bald nach der Jahrhundertwende (vgl. Kocka (1969), S. 372).

lor auftauchende Begründung hing unmittelbar mit dem dritten Argument zusammen: Wie die Technik neutral zwischen den gesellschaftlichen Gruppen stehe, so stehe der Techniker als ehrlicher Makler zwischen Arbeiter und Unternehmer — bereit, Streitfragen desinteressiert von seiner wissenschaftlich-objektiven Warte aus zu schlichten[129].

Taylors System schien geeignet, den Ingenieur bei der Wahrnehmung dieser gesellschaftlichen Aufgaben zu unterstützen und wurde dementsprechend vom VDI nicht zuletzt auch als ein Instrument standespolitischer Aktivität geschätzt. So leistete der VDI Erhebliches nicht nur wie bisher in der Normierung, sondern — dem geänderten Leitbild des Ingenieurs entsprechend — in zunehmendem Umfang auch auf dem Gebiet der Betriebsführung und allgemein der Wirtschaftswissenschaft. Besonders aktiv trat die 1919 im Rahmen des VDI zu diesem Zweck gegründete „Arbeitsgemeinschaft deutscher Betriebsingenieure" auf, die sich der Betriebswirtschaft im allgemeinen, dem Taylorismus im besonderen verpflichtet fühlte und erheblichen Zulauf hatte[130].

Staatlicherseits wurden die standespolitischen Forderungen des VDI ebenso verworfen[131] wie einige Monate vorher Wissells und Moellendorffs Gemeinwirtschaftspläne[132]. Dagegen bestand am Taylorismus *ohne* gemeinwirtschaftliches Beiwerk zeitweilig durchaus Interesse. Im Reichswehrministerium wurden Vorträge über Taylorismus und verwandte Gebiete veranstaltet[133]. Die preußisch-hessische Eisenbahn und anschließend die Reichsbahn führten in den Jahren 1920/21 eine Variante des Gedingeverfahrens ein, die wesentliche Komponenten des Taylorsystems enthielt. Gleichzeitig wurde damit begonnen, die Eisenbahnwerkstätten nach den Grundsätzen wissenschaftlicher Betriebsführung umzugestalten[134]. Aller-

---

129 Winter, S. 55 f.; Hassenstein, „Welche Stellung soll der Ingenieur zur augenblicklichen wirtschaftspolitischen Lage einnehmen?" In: ZVDI 62, 1918, S. 885—887; Meyenberg in: Technik und Wirtschaft 12, 1919, S. 353—365. Daß dieses Argument auch schon vor dem Krieg gelegentlich auftauchte, zeigt Kocka (1969), S. 370.

130 Vgl. den Bericht des Vorstands v. 19.9.1920 (ZVDI 65, 1921, S. 51—56); Referat von O. Klein, „Die Betriebswissenschaften im VDI" auf der Hauptversammlung von 1921 (ebd., S. 733); ebd., S. 617 u. 737 f.

131 Beispielsweise wurden die VDI-Eingaben von 1919 u. 1920 (vgl. oben Anm. 126) abgelehnt.

132 Die endgültige Entscheidung fiel am 8.7.1919, als das Reichskabinett Wissells und Moellendorffs Vorlage, „Aufbau der Gemeinwirtschaft" ablehnte. Wortlaut der Vorlage: Moellendorff (1932), S. 109 ff. Vgl. ergänzend: Wissell, S. 17.

133 Vgl. den Vortrag von Regierungsbaumeister Buchholz im Reichswehrministerium v. 26.2.1920 (ein Exemplar im Bundesarchiv, Nachlaß Mentzel Nr. 11).

134 Zur Einführung tayloristischer Methoden bei den Eisenbahnen vgl. H. Martens, „Das Gedingeverfahren in den Werkstätten der Deutschen Reichsbahn." In: ZVDI 66, 1922, S. 916—920; Neesen, „Die Grundlagen des Arbeitsdiagramms eines Lokomotivuntersuchungswerkes" (ebd., S. 910—915).

dings dämpfte die demobilmachungsbedingte Nachkriegsarbeitslosigkeit alle derartigen Anläufe schon im Entstehen.

In der Industrie scheint der Taylorismus weniger Anklang gefunden zu haben. Während an der Wiedereinführung des (zunächst der Revolution zum Opfer gefallenen) Akkords lebhaftes Interesse bestand[135], konnte sich die Unternehmerschaft zur Reorganisation ihrer Betriebe nur in Einzelfällen entschließen. Die Gegenargumente lagen auf der Hand: In Unternehmerkreisen blieb das Taylorsystem mit dem Odium von Revolution und Gemeinwirtschaft behaftet, was besonders in der Schwerindustrie allein schon einen Ablehnungsgrund dargestellt hätte[136]. Andere kamen hinzu: Die Nachkriegsjahre waren Jahre eines durch die Demobilisierung verursachten Überangebots an Arbeitskräften; aus unternehmerischer Sicht bestand kein Anlaß, ausgerechnet zu diesem Zeitpunkt arbeitssparende Verfahren einzuführen, die mit hohen Kosten und innerbetrieblichen Risiken belastet waren[137]. Zweckmäßiger erschien es, den gewandelten politischen Verhältnissen Zugeständnisse auf ungefährlicheren Gebieten wie dem der (als Mitbestimmung aufgeputzten) Gewinnbeteiligung der Arbeiterschaft mithilfe der Kleinaktie zu machen[138] und die vom VDI und anderen Organisationen erarbeiteten Normen zu benutzen, im übrigen aber die innerbetrieblichen Verhältnisse tunlichst unberührt zu lassen.

Im Zuge der allmählichen Normalisierung der Weimarer Republik erledigten sich also mit den wirtschaftspolitischen auch die standespolitischen Hoffnungen der deutschen Taylor-Anhänger. Der Reichswirtschaftsrat, letztes Symbol von Wissells und Moellendorffs Plänen, wurde bald bedeutungslos[139], und das Monopol der Juristen auf Übernahme in den höheren Verwaltungsdienst blieb (nach Vornahme einiger kosmetischer Retouchen) unangetastet.

135 Vgl. z. B. O. Leibrock, „Zurück zum Akkord." In: Der Arbeitgeber 1919, S. 281–284.
136 Als typisch für diese Einstellung kann A. Hugenbergs Aufsatz, „Sozialismus" in: Stahl und Eisen 39, 1919, S. 973–977 gelten.
137 Gwalter, S. 21 u. Kocka (1969), S. 357, weisen nach, daß das unternehmerische Interesse an der wissenschaftlichen Betriebsführung konjunkturabhängig ist und vorzugsweise in Zeiten hoher Löhne, sinkenden Arbeitsangebots und sinkender Preise zunimmt. Im Grunde war 1919/20 keiner dieser Faktoren gegeben.
138 Ein entsprechender Versuch der Firma Krupp wird geschildert in: ZVDI 66, 1922, S. 98–100. Dort findet sich auch näheres über die Restriktionen, denen Erwerb und Besitz solcher Kleinaktien unterlagen.
139 Zum Reichswirtschaftsrat vgl.: E. Böhland, Die Darstellung und Kritik des Rathenauschen und Wissell-Moellendorffschen Sozialisierungsprogramms. Diss. Freiburg i. B. 1920; H. Nassall, Der vorläufige Reichswirtschaftsrat und die Wirtschaftsvertretungen in den einzelnen Ländern zur Zeit der Weimarer Republik. Diss. Freiburg i. B. 1950.

Damit war der Versuch mißglückt, in Deutschland eine umfassende Wirtschafts- und Sozialreform mithilfe des Taylorismus durchzuführen: Im Grunde wurden bereits 1919 die Weichen für eine geringfügig veränderte Neuauflage des liberalen Wirtschaftssystems gestellt, als sich zeigte, daß die Weimarer Republik weder willens noch fähig war, einen dritten Weg zwischen liberaler und sozialistischer Wirtschaftsverfassung zu finden. Die dem entgegenstehenden Bestrebungen der Tayloristen und Gemeinwirtschaftler scheiterten an der Skepsis der Arbeiterparteien[140] und dem entschlossenen Widerstand der Unternehmer.

In den folgenden Jahren der Normalisierung und den an sie anschließenden „Goldenen Zwanzigern" fand eine Taylor-Rezeption als solche im Grunde nicht mehr statt. Stattdessen wurde der Taylorismus — wie schon früher in den Vereinigten Staaten — nun seines ideologischen Beiwerks endgültig entkleidet und zur reinen Kunstlehre umgestaltet: Es blieben lediglich die Komponenten, die der innerbetrieblichen Rationalisierung dienten, ohne den Unternehmer aus seiner beherrschenden Stellung zu verdrängen oder den Arbeitnehmer über Gebühr zu begünstigen. Übernommen wurde also kein geschlossenes System, sondern lediglich eine Reihe betriebswirtschaftlicher Einzeltechniken[141].

V.

Sie wurden ergänzt durch teils schon Vorhandenes, teils aus den Vereinigten Staaten Übernommenes — Eignungsuntersuchungen und Berufsberatung[142], Techniken aus dem von Taylor weitgehend ignorierten Bereich

---

140 Ähnlich wie in den Vereinigten Staaten sahen die Angehörigen des neuen Mittelstandes für den Fall der Taylorisierung in sich die zukünftigen Kontrolleure, die Arbeiter dagegen in sich die zukünftigen Kontrollierten (Haber, S. 66). Die von Winter, S. 85 u. anderen gehegte Hoffnung, daß sich die Arbeiter bald „vom Gegner zum Bekenner des Systems bekehren" würden, war schon deshalb kaum zu verwirklichen.

141 Bezeichnend für diese gewandelte Einstellung zum Taylorismus ist Heidebroeks Behauptung, daß der Taylorismus kein System, sondern nur ein Bündel von Einzelstudien darstelle, aus denen je nach dem Standpunkt des Betrachters unterschiedliche Folgen gezogen werden könnten (Heidebroek, S. 138).

142 Für die Anfänge der Berufseignungsprüfung vgl. C. Piorkowski, Die psychologische Methodologie der Berufseignung. Leipzig 1915; W. Moede, „Die Psychotechnische Arbeitsstudie. Richtlinien für die Praxis." in: Praktische Psychologie 1920, S. 135–146; Winter, S. 220–224; Stahl und Eisen 40, 1920, S. 980 u. 1082; ZVDI 64, 1920, S. 906; W. Stern, Das psychologische Laboratorium der hamburgischen Universität. Leipzig 1922; Heidebroek, S. 157 f.; H. C. Link, Eignungspsychologie. Berlin 1922.

des „human engineering" und der Arbeitsphysiologie[143] und Verbesserungen im betrieblichen Rechnungswesen[144]. Vor allem aber vervollkommnete man die in den Kriegs- und früheren Nachkriegsjahren begonnenen Rationalisierungs- und Normungsmaßnahmen, deren Verwandtschaft mit wesentlichen Bestandteilen des Taylor-Systems immer besonders eng gewesen war[145]. Die praktische Anwendung dieser Einzelinnovationen gipfelte in der Übernahme der von Taylor begonnenen und von Ford vervollkommneten „Fließarbeit", „einer örtlich fortschreitenden, zeitlich bestimmten, lückenlosen Folge von Arbeitsgängen"[146]. Sie warf in gegenüber dem orthodoxen Taylorismus deutlich verschärfter Form erneut das Problem der steigenden Arbeitsintensität auf und ließ für die Zukunft überdies Vermarktungsschwierigkeiten befürchten[147].

Die genannten Einzelbestandteile wurden alsbald zur neuen Disziplin der Betriebswirtschaftslehre zusammengefaßt und als solche an den Hochschulen eingeführt sowie zum Gegenstand von Textbüchern gemacht[148]. Kennzeichnend für sie war u. a. der weitgehende Verzicht auf gemeinwirtschaftliche Ansätze zugunsten einer Wiederverengung des Horizonts auf den einzelnen Betrieb. So konzedierte sie denn auf den Gebieten der Lohn- und Arbeitszeitfestsetzung, der Hygiene etc. zwar weiterhin die Existenz ethischer Probleme, lehnte nun aber „als logisch abgegrenztes System ... ihre Zuständigkeit in der Entscheidung solcher Fragen" bezeichnenderweise ab[149].

143 Zur Rezeption und Weiterentwicklung des Human engineering vgl. Heidebroek, S. 106 u. 205; Ermanski, S. 260–262; Bauer, S. 99–102.
144 Über die Anfänge der Selbstkostenrechnung in Deutschland berichtet Kocka (1969). Für die Entwicklung nach 1918 vgl. neben den „Grundplan" des Ausschusses für wirtschaftliche Fertigung: H. Peiser, Grundlagen der Betriebsrechnung in Maschinenbauanstalten. Berlin 1919; G. Schlesinger, Selbstkostenberechnung im Maschinenbau ... Berlin, 2. Aufl. 1919; Heidebroek, S. 41–48.
145 Rationalisierung: Harms, Bd. I, S. 227 f., 232 f., 248–252, 259 u. 297. Dazu kritisch Bauer, S. 110, 162 f. u. 170 f. – Normung: Harms, Bd. I, S. 234–241 u. 290 f. Ein typisches Produkt dieser Einstellung war die Gründung des Reichsausschusses für Arbeitszeitermittlung (REFA) im Jahre 1924.
146 Harms, Bd. I, S. 243 f. Vgl. ergänzend: F. Mäckbach u. O. Kienzle, Hg., Fließarbeit: Beiträge zu ihrer Einführung. Berlin 1926; Kranzberg, Bd. II, S. 49.
147 Vgl. Bauer, S. 107–109; Harms, Bd. I, S. 298.
148 Ein Beispiel ist die schon genannte Arbeit von E. Heidebroek, Industriebetriebslehre. Die wirtschaftlich-technische Organisation des Industriebetriebs mit besonderer Berücksichtigung der Maschinenindustrie. Berlin 1923. Vgl. ferner u. a. O. Lipmann, Grundriß der Arbeitswissenschaft ... Jena 1926; K. Mellerowicz, Allgemeine Betriebswirtschaftslehre der Unternehmung. Berlin 1929; R. Nicklisch, Die Betriebswirtschaft. Stuttgart 1930. Zur Institutionalisierung des neuen Fachs vgl. u. a, H. M. Klinkenberg, Rheinisch-westfälische Technische Hochschule Aachen 1870–1970. Stuttgart 1970, Bd. I, S. 99 f.
149 Gwalter, S. 23 f.

In diesem Zusammenhang sei nochmals zusammenfassend daran erinnert, daß sich die geschilderte Entwicklung des Taylorismus vom eigenständigen technisch-organisatorischen System zur Techniker-Ideologie und von dort zum Bauelement einer ethisch indifferenten Betriebswirtschaftslehre nicht aufgrund einer immanenten „technischen Logik" vollzog, sondern überwiegend unter dem Einfluß wechselnder Rahmenbedingungen[150]: Die anarchische Produktionsweise im „Gilded Age" der Vereinigten Staaten, die Entstehung starker Arbeiterorganisationen dort und in Deutschland, die politischen, wirtschaftlichen und sozialen Verhältnisse der Kriegs- und Nachkriegszeit und ihr Wandel im Zuge der Normalisierung — dies waren die Faktoren, die den Werdegang des Taylorismus in erster Linie bestimmten.

VI.

Wir finden diese prozeßhafte Deutung des Taylorismus bestätigt, wenn wir nochmals nach dem Grad seiner Orginalität fragen. Wie oben zu zeigen versucht wurde, können wenige seiner Komponenten als wirklich neu gelten; man wird also die Vorstellung von dem durch *einen* Mann, Frederick Winslow Taylor, verursachten Umbruch wohl ebenso aufgeben müssen wie etwa die Legende von der Erfindung der austauschbaren Einzelteile durch Eli Whitney[151]: Taylors Beitrag bestand weniger in der Entwicklung völlig neuartiger Methoden als vielmehr darin, schon Vorhandenes zusammengefaßt, konsequent zuendegedacht und erprobt zu haben[152]. Selbst dies war freilich nicht gering zu veranschlagen, bedeutete es doch die Heraushebung betrieblichen Erfolgs aus der Phase des Zufälligen in die des Planbaren. Dieser Übergang von der amateurhaft-naturwüchsigen zur professionellen Betriebsführung gehört zu den entscheidenden Voraussetzungen für die Ablösung des Eigentümers an der Firmenspitze durch den Manager, die inzwischen weithin zur Regel geworden ist.

150 Vgl. zu dieser Deutung grundsätzlicher: K. Borchardt, „Technikgeschichte im Licht der Wirtschaftsgeschichte". In: Technikgeschichte 34, 1967, S. 12; P. F. Drucker, „Work and Tools". In: TC 1, 1960, S. 36. Kakar erklärt die Entstehung des Taylorismus ähnlich (Kakar, S. 118).
151 Zur Whitney-Legende vgl. R. Woodbury, „The Legend of Whitney and Interchangeable Parts." In: TC 2, 1960, S. 235–253. Insofern mögen auch Zweifel an Kakars Auffassung erlaubt sein, daß Taylors „Principles" als „The single most important book in the history of management" zu gelten hätte (Kakar, S. 176).
152 Ähnlich Kakar, S. 114. Diese Deutung entspricht weitgehend Ushers Konzept der Erfindung als eines Akts „kumulativer Synthese" (Usher in: Rosenberg (1971), S. 77–79) und wurde zeitweise auch von Taylor selbst geteilt: Taylor (1911), S. 139.

Ähnliches gilt für Taylors Beschäftigung mit der Organisation der Arbeit: Auch hier lag seine Leistung in der Zusammenfassung und konsequenten Weiterentwicklung dessen, was gelegentlich schon vor ihm versucht worden war. Neu war allerdings seine Einführung der Produktivitätssteigerung als Leitbild der Arbeit, und neuartig war auch sein Bestreben, Arbeiter und Unternehmer zur partnerschaftlichen Verfolgung dieses Leitbilds aufzurufen. Dies resultierte in „the blue-print of a system for the planning, coordination and control of human cooperation"[153], demgegenüber der von den Zeitgenossen als weit sensationeller empfundene Gebrauch der Stoppuhr fast belanglos wirkt.

Abgesehen von der Erfindung des Schnelldrehverfahrens, (das ähnlich wie die schon erwähnten Neuerungen tunlichst als ein Schritt in einem größeren Entwicklungsprozeß betrachtet werden sollte[154]!) lagen Taylors Beiträge also überwiegend auf arbeitsorganisatorischem Gebiet. Insofern wird man ihn in Anlehnung an Touraine wenn auch gewiß nicht als den Erfinder, so doch als einen besonders konsequenten Protagonisten dessen bezeichnen dürfen, was sich seit der Mitte des 19. Jahrhunderts allmählich als „amerikanisches" System der Arbeitsorganisation zu verbreiten begann und in der „Fließarbeit" seine Fortsetzung fand[155]. Dementsprechend muß der Taylorismus primär als Innovation[156] im Bereich der Arbeitsorganisation verstanden werden; neben ihr tritt die produktionstechnische Erfindung des Schnellstahls deutlich zurück, mag deren kurzfristige Bedeutung auch größer gewesen sein.

Hier kann nicht der Frage nachgegangen werden, ob Arbeitskräftemangel oder hohe Zinssätze die amerikanischen Innovationen im 19. Jahrhundert auslösten[157]; auch wollen wir nicht Stellung nehmen zu der These, technischer Fortschritt sei in der Regel arbeitsparender technischer Fortschritt[158]. Festgehalten sei lediglich, daß der Taylorismus in der Tat dieser Kategorie zuzuordnen ist: Die verfügbaren Daten — so problematisch sie im einzelnen auch sein mögen — lassen klar erkennen, daß Taylorisierung zwar vorübergehend eine Erhöhung der vom Faktor Arbeit eingesetzten

---

153 Kakar, S. 106.
154 Vgl. dazu ausführlich N. Rosenberg, „Technischer Fortschritt in der Werkzeugmaschinenindustrie 1840—1910." In: Hausen-Rürup, S. 216—242.
155 Touraine in: ebd., S. 294; Kakar S. 191.
156 Da Taylor seine Lehre von Anbeginn in direktem Kontakt mit der Praxis entwickelte und erprobte, fallen hier Invention und Innovation zeitlich weitgehend zusammen. Zur Terminologie vgl. etwa J. D. Gould, Economic Growth in History. London 1972, S. 349.
157 Vgl. etwa die entgegengesetzten Auffassungen von Finch (TC 2, 1961, S. 325 f.) und Daniels (Hausen-Rürup, S. 56) in dieser Frage.
158 Vgl. die kritische Diskussion dieser These durch M. Blaug in: Rosenberg, (1971) S. 86—113.

Menge bedeuten konnte, langfristig aber immer auf steigende Arbeitsersparnis bei gleichzeitig (geringfügiger) angestiegenem Kapitaleinsatz hinauslief[159].

Wenn wir nun abschließend nach den sozialen Folgen des Taylorismus fragen, soll zunächst von seinen unmittelbaren Auswirkungen auf den Arbeitnehmer die Rede sein. Wie oben dargelegt, lassen sich keine Indizien dafür finden, daß die Taylorisierung per se zwangsläufig physische Überlastung nach sich ziehe. Hinsichtlich der zusätzlichen nervlichen Belastungen können wir keine so eindeutige Antwort geben. Während Kritiker den Taylorismus immer wieder als „Auspressungssystem" brandmarken, das die Lebenskraft der Arbeiter durch nervlichen Raubbau vorzeitig auszehre, erhoffte Moellendorff von einer Taylorisierung den gegenteiligen Effekt einer Rückbesinnung auf Muße und Selbstverwirklichung[160]. Auch sollte Daniels' Frage nicht übersehen werden, ob die technische wirklich immer der sozialen Entwicklung vorausgeht oder ob nicht vielmehr die scheinbaren sozialen Folgen einer Innovation häufig schon vorher vorhanden bzw. latent angelegt waren[161]. Demgegenüber wird festzuhalten sein, daß — wie oben am Beispiel des Schnellstahls gezeigt wurde — ein taylorisierter Arbeitsvorgang dem Personal durchaus höhere nervliche Leistungen abverlangte als eine nach freiem Ermessen des Arbeiters gestaltete Tätigkeit. Dies galt besonders von dem Moment an, wo feste Zeitvorgaben dem Arbeiter nur noch die Wahl zwischen voller Leistung und völligem Versagen ließen[162].

Nicht weniger schwer läßt sich der von Kritikern immer wieder erhobene Vorwurf operationalisieren, daß der Taylorismus die menschliche Arbeit „entseelt" habe. Das „alte" System industrieller Arbeitsorganisation war gekennzeichnet durch das Überwiegen hochwertiger handwerklicher Arbeit auf der Grundlage persönlicher Geschicklichkeit und eigenständigen Urteilsvermögens; soweit Maschinen eingesetzt wurden, handelte es sich um Universalmaschinen[163]. Dieser Entwicklungsstufe folgte eine Übergangsphase, in der sich ein Spezialisierungs- und Mechanisierungsprozeß vollzog. Wichtiger als Erfahrung und Geschick des Individuums wurde nun

---

159 Als typisches Resultat galt nach Drury eine Produktionssteigerung um 100 % bei einer gleichzeitigen Lohnsteigerung um 40 % und einer Senkung der durchschnittlichen Stückkosten um 40 % (Drury, S. 38 f.).
160 Die zitierte Wendung nach G. Myers, Die Geschichte der großen amerikanischen Vermögen. Deutsche Ausgabe Berlin 1916, Bd. II, S. 769 f. Für Moellendorff vgl. oben Anm. 83.
161 G. H. Daniels, „Hauptfragen der amerikanischen Technikgeschichte." In: Hausen-Rürup, S. 49. Vgl. unten Abschnitt VII.
162 So schon L. Heyde in: Harms, Bd. I, S. 288 f. Dies gilt besonders für die Arbeit am Fließband.
163 Touraine in: Hausen-Rürup, S. 303; Kakar, S. 191 f. Auf Touraine basieren auch die folgenden Bemerkungen.

die rationale Koordination des gesamten Produktionsprozesses. Die Anwendung der für den Produktionsablauf erforderlichen Fertigkeiten wurde mehr und mehr auf Maschinen übertragen; deren Bedienung und Überwachung stellte nun die typische Tätigkeit des Industriearbeiters dar. Eine deutliche Monotonisierung der Arbeit war die unausweichliche Folge. An diese Übergangsphase schloß sich die Automatisierung an. Sie dauert bis heute fort und verlangt vom Arbeiter vorwiegend die Wahrnehmung reiner Überwachungsaufgaben, während sie ihn vom eigentlichen Produktionsprozeß weitgehend ausschließt.

Der Taylorismus hat den Übergang von der ersten zur zweiten Stufe entscheidend mitbestimmt, indem er die Arbeitsteilung, und damit die Entfremdung des Arbeiters vom *gesamten* Produktionsprozeß vorantrieb. Überdies schränkte er durch die Einführung von Innovationen wie Barths Spezialrechenschieber und vor allem durch die Vorgabe exakter Fertigungszeiten und Arbeitsschritte den Spielraum des Arbeiters weiter ein. Maßgeblich wurde „der eine beste Weg", individuelle Initiativen waren nicht mehr gefragt. Über die daraus erwachsenden Probleme glaubten sich die Tayloristen amerikanischer Observanz durch die Annahme hinwegsetzen zu können, daß der Arbeiter als homo oeconomicus der Lohnmaximierung die erste Priorität zuerkenne.

Diese Annahme hat sich, wie in den zwanziger und dreißiger Jahren die dramatischen Erfolge von Elton Mayos „Human Relations Movement" deutlich demonstrierten[164], als falsch erwiesen. Zwar haben Apologeten des Taylorismus mit einer gewissen Berechtigung daran erinnert, daß der Verlust der menschlichen Selbstbestimmung im Arbeitsprozeß mit der Technisierung begann[165], doch hat Taylor zusätzlich das Element der Planbarkeit, des Systems in den Arbeitsprozeß eingeführt. „Früher", so betonte er denn auch in seinen „Principles of Scientific Management", „früher kam zuerst der Mensch; in Zukunft muß das System zuerst kommen"[166]. Seine damit gekoppelte Versicherung, daß dies der Individualität des Arbeiters keinen Abbruch tue, trifft nach unserer heutigen Kenntnis nicht zu. Vielmehr stehen die dadurch heraufbeschworenen sozialen Probleme z. T. bis heute an. Ebensowenig hat sich Taylors Behauptung bewahrheitet, daß schon um des Wohlergehens der Arbeiterschaft willen der von ihr unter diesem System zusätzlich erzielte Gewinn nicht voll an sie weitergegeben werden dürfe[167].

164 Vgl. Kranzberg, Bd. II, S. 61–63 u. 97.
165 So Moellendorf in: ZVDI 64, 1920, S. 855. Vgl. auch schon Taylors ähnliche Behauptung in: Taylor (1911), S. 125.
166 Ebd., S. 7. Vgl. auch ebd., S. 140–144 sowie Taylors Definition eines guten Arbeiters: „A high-priced man does just what he's told to do, and no back talk" (ebd. S. 46).
167 Taylor, S. 74.

Nicht nur in dieser Hinsicht begünstigte der orthodoxe Taylorismus den Unternehmer gegenüber dem Arbeiter: Gewiß mag man daran zweifeln, daß der Taylorismus als ein besonders autoritäres System die innerbetrieblichen sozialen Spannungen weiter erhöht habe[168]; jedoch eliminierte er weitgehend die Möglichkeiten des Arbeiters, sich gegen übermäßigen Leistungsdruck zu schützen, indem er die Kontrolle über den zeitlichen Produktionsablauf aus dessen Hand in die des Zeitnehmers und der Planungsabteilung legte. Insofern war es durchaus kein Zufall, wenn Taylor letztlich immer der ökonomischen vor der technischen Effizienz den Vorzug gab und seine Lehre selbst von wohlwollenden zeitgenössischen Kritikern als „Waffe der Arbeitgeber" bezeichnet wurde[169].

Überdies lief der Taylorismus bei aller Betonung des kooperativen Aspekts der Tendenz zur Entwicklung kollektivorientierter Einstellungen zuwider, die nach Parsons und Hoselitz zu den Kennzeichen der Industriegesellschaft gehört[170]: Indem Taylor über Lohnfragen etc. prinzipiell mit dem einzelnen Arbeiter verhandelte und ihn aus Effizienzgründen möglichst isoliert arbeiten ließ, behinderte er die informelle Gruppenbildung im Betrieb und damit das Zustandekommen gewerkschaftlicher Organisationen[171]. Taylors gerne als Beweis für die Arbeiterfreundlichkeit seines Systems herangezogene Behauptung, daß taylorisierte Betriebe niemals bestreikt worden seien[172], dürfte mindestens teilweise auf diese Tatsache zurückgehen; verbindlichere Aussagen werden sich freilich erst dann machen lassen, wenn brauchbare Fallstudien über einzelne Betriebe vorliegen. Diese isolierte Arbeitsweise, die schon Taylors Zeitgenosse Emile Durkheim als „abnorme" Arbeit bezeichnet, kann keineswegs als eine zwangsläufige Folge der Rationalisierung gelten, sondern entsprang überwiegend *ökonomischen* Erwägungen aus unternehmerischer Sicht[173].

Schließlich sei erwähnt, daß der Taylorismus die Stellung des Arbeiters gegenüber dem Unternehmer auch dadurch schwächte, daß er ihn leichter austauschbar machte: Zwar erzwang die Taylorisierung eine steigende Aus-

---

168 Kocka hat nachgewiesen, daß die straffere, behördenähnliche Organisation des modernen Großbetriebs eher eine Entspannung der sozialen Gegensätze „vor Ort" bewirken kann (Kocka (1969), S. 371). Vgl. auch Kakar, S. 145 f.

169 Drury, S. 61 f. Vgl. auch Haber, S. 14 f.

170 Vgl. Hoselitz, S. 20–25.

171 Taylor (1911), S. 43 f., 72 f., 83, 92 u. 131 f. Vgl. auch Touraine in: Hausen-Rürup, S. 294 f. Wenn die Zahl der gewerkschaftlich organisierten Arbeiter dennoch während des Untersuchungszeitraums dynamisch zunahm (vgl. z. B. die Daten in: Historical Statistics, S. 97), so deshalb, weil der Taylorismus zum damaligen Zeitpunkt nicht generell praktiziert wurde.

172 Taylor (1911), S. 28.

173 Vgl. dazu ausführlich E. Durkheim, De la division du travail social. 1893, 7. Aufl. Paris 1960, Buch III, Kap. 1–3. Vgl. ergänzend Touraine in: Hausen-Rürup, S. 295.

bildungsqualität, doch verengte sie den Ausbildungshorizont so sehr, daß eine solche Spezialausbildung in außerordentlich kurzer Zeit vermittelt und Ersatz dementsprechend schnell herangebildet werden konnte. Zugleich stieg die Zahl der Meister, Planer, Zeitnehmer etc. in den Betrieben, doch erhöhte dies die Aufstiegschancen der großen Masse der Arbeiterschaft über den Status des angelernten Arbeiters hinaus nur unwesentlich[174]. Stattdessen erhöhten Taylorismus und Rationalisierung für den Durchschnittsarbeiter die Wahrscheinlichkeit, nicht nur dequalifiziert, sondern überdies „eingespart" zu werden, also der technologischen Arbeitslosigkeit mindestens vorübergehend zum Opfer zu fallen[175] — bei dem ungenügenden Stand der zeitgenössischen Arbeitslosenversicherung keine ganz ungefährliche Perspektive.

Dem stand gegenüber, daß der Taylorismus die im „amerikanischen System" schon früher angelegte Tendenz zur Massenproduktion weiter vorantrieb. Das Ergebnis dessen waren Preissenkungen für zahlreiche Massengüter, die nun nicht mehr durch Lohnsenkungen erkauft werden mußten. So konnte der Lebensstandard auf breiter Front steigen, während sich die durchschnittliche Arbeitszeit gleichzeitig von Jahrzehnt zu Jahrzehnt verringerte[176]. Allerdings waren diese an Zahl gesunkenen Arbeitsstunden nun in wesentlich schärferem Tempo zu absolvieren, so daß der Netto-Effekt geringer ist, als es statistisch zunächst den Anschein hat. Insofern ist Moellendorffs Hoffnung, daß der Taylorismus und die auf ihm aufbauende „Fließarbeit" dem Menschen gesteigerte Möglichkeiten zur Selbstverwirklichung bescheren werden, bis heute nur unvollkommen verwirklicht:

„Up to now" — so klagt ein amerikanischer Journalist unserer Tage — „in this country we have been warned not to waste our time, but we are brought up to waste our lives"[177].

Für den Unternehmer brachte der Taylorismus zwar eine gestärkte Position gegenüber der Arbeiterschaft und die Aussicht auf zusätzlichen Ge-

---

174 Ebd., S. 293 f. Dieselbe Auffassung vertraten auch schon zeitgenössische Taylor-Kritiker. Vgl. Ermanski, S. 356.
175 Dies wurde schon von Zeitgenossen gesehen. Vgl. Harms, Bd. I, S. 279—284 u. 301; Heidebroek, S. 116.
176 So sank in den Vereinigten Staaten die durchschnittliche wöchentliche Arbeitszeit in der Industrie zwischen 1895 u. 1925 von 59,5 auf 50,3 Stunden, während der durchschnittliche Stundenlohn von 20 auf ca. 65 $ stieg (Historical Statistics, S. 91). Im gleichen Zeitraum sank die durchschnittliche wöchentliche Arbeitszeit (alle Wirtschaftssektoren) in Deutschland von 68,6 auf 55,8 Stunden, während die in der deutschen Industrie durchschnittlich gezahlten Reallöhne von 738 auf ca. 1 421 Mark/Jahr anstiegen (berechnet nach den Angaben in: Hoffmann, S. 19, 173 f., 468—471 u. 699).
177 E. Hoffer, „Automation is Here to Liberate Us." In: W. E. Moore, Hg., Technology and Social Change. Chicago 1972, S. 69.

winn, zugleich aber die Gefahr, durch die Planungsabteilung allmählich aus der faktischen Betriebsführung verdrängt zu werden. Überdies förderte der Taylorismus die Verwissenschaftlichung[178] der industriellen Produktion. Indem sie das Experiment, die exakte Messung, die Planbarkeit einführte, verbesserte sie zwar die Einsicht des Unternehmers in das Betriebsgeschehen und erhöhte seinen Gewinn, zugleich aber stärkte sie die Stellung des Ingenieurs, des Wissenschaftlers und des Managers gegenüber dem Firmenchef. Auch verengte sich sein Spielraum bei der Gestaltung des Produktionsprogramms insofern, als nach einmal – unter großen Kosten – vollzogener Taylorisierung nur noch die nach dem neuen System besonders profitabel herzustellenden Produkte für die Fertigung in Frage kamen und Umstellungen der Produktion aufwendiger wurden[179].

Beginnend in den Vereinigten Staaten, förderte der Taylorismus die berufliche Differenzierung einerseits durch Spezialisierung innerhalb schon bestehender Berufsfelder, andererseits durch die Entstehung neuer, den spezifischen Anforderungen der wissenschaftlichen Betriebsführung dienender Berufe. Zur ersteren Kategorie gehört neben der Berufsgruppe der taylorschen Funktionsmeister, die freilich nie ganz die von Taylor erwartete Bedeutung erlangte, vor allem eine große Zahl hochspezialisierter Anlernberufe. Die Entstehung dieser Berufe durch Arbeitsteilung mündete allmählich ein in den bis heute andauernden Prozeß der Berufskonstruktion, der planmäßigen Schaffung neuer, auf die Bedürfnisse einzelner Industriezweige zugeschnittener Berufe[180].

Zur zweiten der beiden obengenannten Gruppen gehörte neben den Zeitnehmern vor allem eine neue Spielart des Ingenieurberufs: Nachdem Taylor selbst den Anfang gemacht hatte, etablierte sich in den Vereinigten Staaten eine steigende Zahl von „consulting engineers" oder „efficiency engineers", die sich auf die Beratung von Unternehmern in Rationalisierungsfragen spezialisierten[181]. Zwar ist Ähnliches auch in Deutschland nachweisbar, doch scheint es, daß dort frühzeitig der seitdem üblichere Weg beschritten worden ist, die innerbetriebliche Rationalisierung von betriebszugehörigen Ingenieuren und/oder Betriebswirten durchführen zu

---

178 Diese Aussage soll keine Übernahme von Taylors außerordentlich unscharfem und sehr weit gefaßtem Wissenschaftsbegriff implizieren.
179 Ein Paradebeispiel dafür bildet Fords Festhalten am Modell T auch noch zu einem Zeitpunkt, als es technisch bereits obsoleszent war (Boorstin, S. 548–555; Kranzberg, Bd. II, S. 47).
180 Diesen Fragenkomplex behandelt ausführlich H. A. Hesse, Berufe im Wandel. Ein Beitrag zur Soziologie des Berufs, der Berufspolitik und des Berufsrechts. 2. Aufl. Stuttgart 1972.
181 Zur amerikanischen Entwicklung vgl. Copley, Bd. I, S. 390. Im Zuge der efficiency-Bewegung scheinen außerdem in erheblichem Maße Scharlatane unter dieser Maske aufgetreten zu sein (Copley, Bd. II, S. 388; Ermanski, S. 409).

lassen[182]. Diese Entwicklungstendenz wurde zweifellos dadurch gefördert, daß die Taylorisierung in Deutschland nicht von einer fest umrissenen Gruppe von Taylor-Schülern getragen wurde, die den Taylorismus zu ihrem Lebensinhalt und Beruf gemacht hatten: Die deutsche Taylorismus-Diskussion fand von Anbeginn im Rahmen bzw. unter der Ägide des VDI statt und mündete frühzeitig ein in die Entstehung einer neuen wissenschaftlichen Disziplin. Beides trug dazu bei, dem Taylorismus bzw. der (mit aus ihm hervorgehenden) Betriebswirtschaftslehre den Charakter einer erlernbaren und nicht nur von Taylor-Schülern der ersten Stunde anwendbaren Lehre zu geben.

VII.

Abschließend sei die Frage wenn nicht beantwortet, so doch wenigstens nochmals gestellt, was eine Analyse der Taylorismus-Diffusion zur Klärung der Kontroverse beitragen kann, ob technischer Fortschritt Ursache oder Folge sozialen Wandels ist. Während sich seit Ogburn und Burlingame das Konzept des „social lag" in der Technikhistorie einer gewissen Beliebtheit erfreut, haben Schmookler, Gilfillan und neuerdings Daniels die Gegenthese formuliert, daß umgekehrt die technische Entwicklung dem sozioökonomischen Bedarf folge[183].

Die vorliegende Betrachtung kann hierauf selbst für den vorliegenden Einzelfall keine ganz klare Antwort geben; vielleicht wird sich jedoch soviel feststellen lassen: Zweifellos springen die Diffusion des Taylorismus und seine sozio-ökonomischen Folgen stärker ins Auge als seine Vorgeschichte. Dies liegt zu einem guten Teil daran, daß der Taylorismus schon bei seinem ersten Bekanntwerden ins Kreuzfeuer der Diskussion geriet und bis heute umstritten geblieben ist[184]. Dabei gingen Apologeten wie Kritiker überwiegend davon aus, daß der Taylorismus autonom entstanden und deshalb für alle aus ihm erklärbaren Folgen gleichsam allein verantwortlich sei.

Wie wir gesehen haben, trifft diese Annahme freilich nicht zu: Der Taylorismus hatte Vorläufer auf den verschiedensten Gebieten, und es waren systembedingte Gründe, die Taylor schließlich zur Formulierung seiner

---

182 Zur Entwicklung in Deutschland vgl. neben Kocka (1969), S. 349 den Bericht über die Arbeitsgemeinschaft deutscher Betriebsingenieure in: ZVDI 66, 1922, S. 459 sowie W. Prion, Ingenieur und Wirtschaft. Der Wirtschaftsingenieur. Eine Denkschrift über das Studium von Wirtschaft und Technik an Technischen Hochschulen. Berlin 1930.
183 Daniels in: Hausen-Rürup, S. 47–50. Dort werden auch die im Text erwähnten älteren Arbeiten nachgewiesen.
184 Vgl. noch neuerdings die kritischen Berichte und Analysen in: Kursbuch 43, 1976.

Lehre veranlaßten. Von einer autonomen Entstehung des Taylorsystems kann also schwerlich die Rede sein, oder – um nochmals Stuart Chase zu zitieren – „Taylor oder nicht Taylor – die wissenschaftliche Betriebsführung wäre so oder so gekommen"[185]. Der Taylorismus geht also, allen biographischen Ableitungsversuchen zum Trotz, überwiegend auf *außerhalb* der Person Taylors liegende Faktoren zurück; er war eine organisationstechnische Folge sozio-ökonomischer Krisenerscheinungen und baute auf Vorarbeiten auf, ohne die er kaum hätte entstehen können.

Dementsprechend erweist sich auch seine Rezeption in Deutschland immer wieder als vom Wandel der politischen, ökonomischen und sozialen Rahmenbedingungen beeinflußt: Vor 1914 erschien der Taylorismus als eine weitere Manifestation des „amerikanischen Systems" der Massenproduktion und wurde weithin als Technologie der innerbetrieblichen Effizienzsteigerung betrachtet. Diese Sehweise bestand auch während des Krieges fort, doch zeichnete sich daneben nun allmählich eine neue Deutung ab, die vor 1914 nur in Ansätzen feststellbar ist: Nun schien der Taylorismus geeignet, die ungelösten sozialen und wirtschaftspolitischen Probleme der Vorkriegszeit, die sich im Zuge der Kriegswirtschaft eher noch verschärft hatten, durch Übergang zu einer am Leitbild *gesamtwirtschaftlicher* Effizienzmaximierung orientierten Wirtschaftsverfassung lösen zu helfen.

Nach dem Zusammenbruch wurde diese Hoffnung erweitert um die Erwartung, daß der Taylorismus gleichzeitig auch Deutschlands außenwirtschaftlichen Wiederaufstieg werde vorantreiben können. Als Nebeneffekt versprach sich die Trägergruppe dieser Bestrebungen eine Emanzipation der Technik und der Techniker von den sozio-ökonomischen Fesseln des Liberalismus. Als sich schließlich eine Normalisierung anbahnte und die Wirtschaftsverfassung der Vorkriegszeit im wesentlichen unverändert wiederhergestellt wurde, verlor der Taylorismus den Charakter einer Heilslehre und wandelte sich endgültig zur Technologie, zu einem Bestandteil der gerade entstehenden Betriebswirtschaftslehre.

Andererseits ist nicht zu bestreiten, daß diese arbeitsparende Innovation, nachdem sie einmal bereitgestellt war, ihrerseits erhebliche sozio-ökonomische Folgen auslöste, so schwer sie in concreto manchmal auch zu fassen sein mögen: Der Taylorismus führte, teilweise in Verbindung mit anderen Faktoren, tiefgreifende Veränderungen der Arbeitsorganisation herbei oder beschleunigte und intensivierte jedenfalls Veränderungen, die gewissermaßen in der Luft lagen. Dies gilt besonders für Deutschland, wo der orthodoxe Taylorismus in seiner vollständigen Form keine allzu weite Verbreitung in der Praxis gefunden hatte. Selbst die dort nach und nach rezipierten *Teile* des Taylorsystems beeinflußten schon den Charakter und

---

185 Vgl. oben Anm. 26.

die ökonomische Ergiebigkeit der im Betrieb zu leistenden Arbeit und damit wiederum die sozio-ökonomische Lage des sie erbringenden Arbeiters wie des Unternehmers.

Überdies ließ der Taylorismus neue Berufe entstehen und trug nicht zuletzt zu einer fundamentalen Änderung des deutsch-amerikanischen Verhältnisses bei: Während die Amerikaner jahrzehntelang überwiegend europäische Innovationen rezipiert hatten, begannen sich die Rollen etwa seit der Jahrhundertwende allmählich zu verkehren — nicht zuletzt unter dem Eindruck, den der Taylorismus und der Schnellstahl auf die europäische Fachwelt machten. So gehörte denn auch die Technik der Massenproduktion im allgemeinen, Taylorismus und Schnellstahl im besonderen zu den ersten bedeutenderen Innovationen, die den Atlantik nicht mehr von Osten nach Westen, sondern in umgekehrter Richtung überquerten. Diese Verschiebung des traditionellen Diffusionsmusters hat seitdem das Verhältnis der Vereinigten Staaten zu Europa, wie auch besonders zu Deutschland, entscheidend mitbestimmt.

Schließlich sollte nicht übersehen werden, daß dem Taylorismus in seiner ideologisierten deutschen Variante eine nicht ganz geringe Bedeutung für die Erklärung der gemeinwirtschaftlichen Ansätze im und nach dem Ersten Weltkrieg zukommt: Die damaligen Versuche, soziale Gegensätze und ökonomische Redistributionsprobleme mit friedlichen Mitteln zu überwinden, wären ohne das Hilfsmittel des Taylorismus schlechterdings undenkbar gewesen.

So stellt sich uns der Taylorismus als Ursache und Folge zugleich dar. Schon dies schlösse eine eindeutige Beantwortung der oben gestellten Frage aus. Erschwerend kommt hinzu, daß es sich bei näherem Zusehen oft als schwierig erweist, durchgängige, gleichsam am Taylorismus vorbeilaufende Entwicklungslinien, die Effekte des Taylorismus selbst und die Auswirkungen sich mit ihm durchdringender Parallelentwicklungen zu isolieren oder gar in ihrer jeweiligen relativen Bedeutung zu gewichten. Selbst ein prima vista scheinbar so klarer Fall wie die Entwicklung des taylorschen Schnelldrehverfahrens gibt hier Schwierigkeiten auf — ganz zu schweigen etwa von einer Abgrenzung der Effekte tayloristischer Rationalisierung gegenüber den Auswirkungen anderer, zeitlich und nicht selten örtlich parallel angewandter Rationalisierungsverfahren. So kann die oft notgedrungen isolierende Betrachtung der Taylorismus-Diffusion, wie sie vorstehend versucht wurde, letztlich allenfalls zur näherungsweisen Beantwortung der Frage nach dem Wechselverhältnis von technischem Fortschritt und sozialem Wandel im konkreten Einzelfall dienen. Erschöpfend ist sie, wie George Daniels zu Recht annimmt, wohl „einfach nicht zu beantworten"[186].

186 Daniels in: Hausen-Rürup, S. 50.

Methodologische Überlegungen für eine künftige Technikhistorie

von Ulrich Troitzsch und Wolfhard Weber

Zielvorstellungen

Eine junge, kaum etablierte Disziplin wie die Technikhistorie benötigt zu ihrer Verankerung im Wissenschaftskanon methodologische Vorüberlegungen, um damit einerseits Denkanstoß bzw. Gerüst für Unentschlossene oder Suchende zu sein, andererseits aber die eigenen Erkenntnismöglichkeiten und inhärenten Wertungen herauszuarbeiten; diese Vorüberlegungen sind integrale Bestandteile ihrer Wissenschaftswerdung. Damit kann es bisher, nimmt man einmal die gängigen Einführungen in die Geschichtswissenschaft zum Maßstab[1], noch nicht sehr weit her sein: die „Enzyklopädie der geisteswissenschaftlichen Arbeitsmethoden"[2] sagt über die potentiellen Möglichkeiten der Technikhistorie, dieses wichtigen Schnittpunktes idiographischer und nomothetischer Wissenschaftsstrukturen wenig aus[3]. Bibliographisch haben technikgeschichtliche Darstellungen nur zögernd Aufnahme gefunden[4].

Hans-Joachim Braun, Bochum, und Henning Eichberg, Stuttgart, haben kritische und dankbar entgegengenommene Anregungen beigesteuert. Das gleiche gilt für die Teilnehmer des Hamburger Oberseminars und des Bochumer Sektionskolloquiums im WS 1976/77.

1 Z. B. Schneider, Boris: Einführung in die neuere Geschichte, Stuttgart 1974.
2 Acham, Karl: Grundlagenprobleme der Geschichtswissenschaft. München 1974 = Enzyklopädie der geisteswissenschaftlichen Arbeitsmethoden, Geschichtswissenschaften (Bd. 10); Opgenoorth, Ernst: Hilfsmethoden der neueren und neusten Geschichte, in: Enzyklopädie der geisteswissenschaftlichen Arbeitsmethoden Bd. 10 = Geschichtswissenschaften. München 1974, S. 77–114 enthält keinen Hinweis auf die Problematik der Umsetzung gegenständlicher Quellen in eine für den (Technik-) Historiker verständlichen Sprache.
3 S. aber Düwell, Kurt: Neuere Geschichte, in: Grundlagen des Studiums der Geschichte. Eine Einführung. Köln 1973, S. 206–319; hier S. 310 ff. Ludwig Beutin und Hermann Kellenbenz: Grundlagen des Studiums der Wirtschaftsgeschichte. Köln 1973, S. 77 ff.
4 Baumgart, Winfried: Bücherverzeichnis zur deutschen Geschichte, Frankfurt/Main 1973 (2. Aufl.) S. 85; Zorn, Wolfgang: Einführung in die Wirtschafts- und Sozialgeschichte. München 1972, S. 35 ff. Stummvoll, J.: Technikgeschichte und Schrifttum, Düsseldorf 1975. Ausführliche Bibliographie in: Moderne Technikgeschichte. Hg. K. Hausen, R. Rürup. Köln 1975.

Der zunehmende Einfluß der Technik auf alle gesellschaftlichen und individuellen Bereiche des Handelns und Erkennens, die Bedeutung der technischen Intelligenz, die mehr als nur Handlungsanweisungen erhalten möchte oder sollte, sowie die wachsende Übung anderer Disziplinen, Daten aus technikchronologischen Übersichten zu entnehmen, markieren ein allgemein steigendes Interesse an technikgeschichtlichen Entwicklungen. In Deutschland sind nach einigen Aufsätzen zur Klärung der Standorte Mitte der 60er Jahre[5] in den vergangenen Jahren mehrere wichtige methodologische Arbeiten[6] vorgelegt worden, deren Überlegungen und Erkenntnisse auch in unsere Darlegungen eingeflossen sind. Hinzu kommen Ergebnisse der Diskussionen in Frankreich[7], England[8], den USA[9], den Niederlanden[10] und der DDR[11].

5   Borchardt, Knut: Technikgeschichte im Lichte der Wirtschaftsgeschichte, in: Technikgeschichte 34, 1967, S. 1–13; Ludwig, Karl-Heinz: Technikgeschichte als Beitrag zur Strukturgeschichte, in: Technikgeschichte 33, 1966, S. 105–120; Timm, Albrecht: Geschichte der Technik und Technologie – Grundsätzliches vom Standpunkt des Historikers, in: Technikgeschichte 35, 1968, S. 1–13; Treue, Wilhelm: Technikgeschichte und Technik in der Geschichte, in: Technikgeschichte 32, 1965, S. 3–18.

6   Klemm, Friedrich: Der Ertrag der naturwissenschafts- und technikgeschichtlichen Forschung für die Wissenschaften im allgemeinen, in: Technikgeschichte – Voraussetzung für Forschung und Planung in der Industriegesellschaft. Düsseldorf 1972, S. 46–54; Rürup, Reinhard: Die Geschichtswissenschaft und die moderne Technik. Bemerkungen zur Entwicklung und Problematik der technikgeschichtlichen Forschung, in: Aus Theorie und Praxis der Geschichtswissenschaft. Festschrift Hans Herzfeld. Hg. Dieter Kurze. Berlin 1972, S. 49–85; Rüsen, Jörn: Technik und Geschichte in der Tradition der Geisteswissenschaften, in: Historische Zeitschrift 211, 1970, S. 530–555; Timm, Albrecht: Einführung in die Technikgeschichte. Berlin 1972; Rammert, Werner: Technik, Technologie und technische Intelligenz in Geschichte und Gesellschaft. Eine Dokumentation und Evaluation historischer, soziologischer und ökonomischer Forschung zur Begründung einer sozialwissenschaftlichen Technikforschung. Bielefeld 1975 = Wissenschaftsforschung Report 3; Moderne Technikgeschichte. Hg. Karin Hausen und Reinhard Rürup. Köln 1975; Stahlschmidt, Rainer: Quellen und Fragestellungen einer deutschen Technikgeschichte des frühen 20. Jhs. bis 1945. Göttingen 1977; Christmann, Helmut: Technikgeschichte in der Schule, Ravensburg 1976; Arnout van Schelven u. Hans J. Zacher. Geschiedenis van der techniek. TH Twente (NL) 1976. Als Manuskript gedruckt. – Die Notwendigkeit einer methodologischen Untersuchung unterstreicht Arnout L. van Schelven: Onderwijs en onderzoek op het gebiet van de geschiedenis der techniek, in: Wetenschapsbulletin TH Twente 27.1. 1976, S. 32–34; Hans J. Zacher: Wissenschaftliche Erklärung als Forschungsziel der Technikgeschichte, in: Wetenschapsbulletin TH Twente 21.1.1976, S. 34–38 gibt einen breitgestreuten Überblick über mögliche Erkenntnisverknüpfungen. Da auch er Beschreibung und Analyse technischer Neuerungen als Beispiel wählt, wie wir im Verlauf dieses Beitrages, fühlen wir uns in der Relevanz dieses Gliederungsmittels bestärkt. Die von Zacher S. 36 abgewiesene Unterscheidung zwischen internalistischer und externalistischer Betrachtung mag erkenntnistheoretisch „richtig" sein, sie verstellt aber u. E. den Weg zur Operationalisierung.

Nun ist die Geschichte einer Disziplin oder eines Phänomens zunächst sicher einmal abhängig von einer näheren Umgrenzung dieses Phänomens selbst, also der Technik. Das ist, man darf sagen bekanntlich, trotz der vielen Definitionsversuche schwierig, weil Technik ein ganzes Feld, ein Bündel von „Techniken" abdeckt und die vorgelegten Definitionen meist Einzelaspekte verabsolutieren[12].

Die jeweils vorherrschenden, teilweise widersprüchlichen Abgrenzungen

---

7   Daumas, Maurice: Le mythe de la révolution technique, in: Revue d'histoire des sciences 16, 1963; ders. L'histoire des techniques, son objets, ses limites, ses methodes. = Documents pour l'histoire des techniques. Heft 7, 1969; mehrfach abgedr., dt. in: Moderne Technikgeschichte. Köln 1975, S. 31–45 mit Auslassungen; Gille, Bertrand: Prolégomènes à une histoire des techniques, in: Revue d'histoire des mines et de la métallurgie 4, 1972, S. 3–65.

8   Cardwell, D. S. L.: The Academic Study of the History of Technology, in: History of Science 7, 1968, S. 112–124.

9   Hindle, Brooke: Technology in early America. Needs and opportunities to study. Williamsburg, Virginia. 1966; Ferguson, Eugene S.: Toward a discipline of the history of technology, in: Technology and Culture 15, 1974, S. 13–30 und die laufende Diskussion in diesem amerikanischen Organ der Technikgeschichte.

10 van Schelven, Arnout L.: Technik auf der Zeitachse, in: Humanismus und Technik 19, 1975, S. 53–70 (aus dem Niederl.). s. Schelven Anm. 6.

11 Jonas, Wolfgang: Über Probleme der Geschichte der Produktivkräfte = Sitzungsberichte der Deutschen Akademie der Wissenschaften Berlin Phil. Klasse Jg. 1964, Nr. 2; ders. u. a.: Die Produktivkräfte in der Geschichte. Bd. 1. Berlin (Ost) 1969; Kraus, A.: Zur Bedeutung des Marxschen Werkes für die Geschichte der Technik, in: Die Technik 23, 1968, S. 593–595, 685–689; Herlitzius, Erwin: Historischer Materialismus und technische Revolution – Probleme und Aufgaben, in: Wiss. Zs. der TH Dresden 15, 1966, 789–802; Ludloff, R.: Die technische Revolution in der Geschichte, in: Die Technik 22, 1968, 421–425, 485–488, 549–551, 613–161; Sonnemann, Rolf: Mensch und Maschine – eine historische Betrachtung, in: Maschinenbautechnik 23, 1974, S. 442–445; Müller, Johannes: Zur marxistischen Bestimmung des Terminus „Technik". Ein Definitionsversuch, in: Die Struktur der Technik und ihre Stellung im sozialen Prozeß. Protokoll einer Konferenz der Abteilung „Philosophische Probleme der Naturwissenschaften und der Technikwissenschaften" des Instituts für Marxismus-Leninismus am 4. und 5. Juli 1967. Hg. K. Tessmann und H. Vogel. Rostocker Philosophische Manuskripte Bd. 5 Rostock 1968 sowie die anderen Beiträge in diesem Band. Die Auseinandersetzung mit gebunden marxistischen oder ungebunden neomarxistischen Auffassungen über die Rolle der Technik im menschlichen und gesellschaftlichen Leben muß und wird Ausführungen an anderer Stelle vorbehalten bleiben. Nur vorläufig sei hingewiesen auf J. Kuczynski: Vier Revolutionen der Produktivkräfte. Berlin (Ost) 1975 mit einem kritischen Kommentar von Wolfgang Jonas an gleicher Stelle S. 139–170.

12 Popitz, H. u. a.: Technik und Industriearbeit. Soziologische Untersuchungen in der Hüttenindustrie. 2. Aufl. Tübingen 1964; Shriver, Donald W. jr.: Man and his machines. Four angles of vision, in: Technology and Culture 13, 1972, S. 531–555. Lenk, Hans: Ingenieure und Interdisziplinarität, in: Technische Intelligenz im technischen Zeitalter. Düsseldorf 1976, S. 7–50, hier S. 36 ff.

und Interpretationen „der" Technik im wissenschaftlichen Kontext erklären zu einem Teil, warum die Technikhistorie als diejenige wissenschaftliche Disziplin, die sich der Technikgeschichte widmet, in ihrer Entfaltung auf so große Hemmnisse stieß:

1. Eine idealistische Lehre von zwei Reichen oder Werten trennte bei „der" Technik den Produzenten vom Verwerter und überließ in aufklärerischer Manier dem Einzelnen die Ziel-Mittelbestimmung der Technik aus religiösen oder anderen individuellen Motiven[13]. Dabei übersah man weitgehend die sozialen und historischen Dimensionen[14].

2. Eine zweite Auffassung sah in Produktions- wie Konsumtechnik einerseits die nur langsame Ausdehnung ihrer Nutzung für alle Schichten der Bevölkerung und andererseits die vorzügliche Verwertbarkeit technischer Systeme in den Händen der Mächtigen als ein Instrument zur Durchsetzung politischer Ziele[15].

3. Positivisten wie Materialisten gewannen unter dem Eindruck des Aufbaus großer technischer „Systeme" den Eindruck einer Eigengesetzlichkeit der Technik, die uns Lebensformen und zukünftige Entscheidungen aufzwingt. Mit der Auflösung des mittelalterlichen Weltbildes und dem Aufkommen der modernen Naturwissenschaften (Galilei, Descartes, Newton) begann die Suche nach einem neuen nicht mehr heils- oder endzeitgeschichtlich, sondern materialistisch-mechanistisch orientierten, den Zusammenhalt der Welt erklärenden Prinzip. Diese systemerklärende Rolle haben nacheinander Astronomie, Physik, Biologie etc. gespielt. Um die Wende vom 18. zum 19. Jahrhundert beteiligten sich neben den Naturwissenschaften auch technische Fächer daran. Karl Marx hat den mit dem Niedergang der Aufklärung einsetzenden Wandel, weg von der Suche nach einem Weltsystem, hin zur Erforschung der treibenden Kräfte, in dem bekannten Satz ausgedrückt, daß es nicht darauf ankomme, die Welt zu interpretieren, sondern sie zu verändern[16]. Negative Begleiterscheinungen der Technik sollten durch zukünftige Entwicklungen gelöst werden, entweder durch Übernahme vermeintlich technischer Denk-und Handlungsnormen als Grundlage der politischen wie kulturellen Existenz oder durch ihre bessere

---

13 S. Shriver 1972 (s. Anm. 12).
   Zum Ziel-Mittel-Konflikt s. Ropohl, Günther: Die Systemtechnik und das gesellschaftliche Bewußtsein des Ingenieurs, in: Technische Intelligenz im technischen Zeitalter. Düsseldorf 1976, S. 51–62, hier S. 55 ff.
14 Vgl. Moser, Simon: Kritik der traditionellen Technikphilosophie, in: Techne-Technik-Technologie. Philosophische Perspektiven. Hg. H. Lenk und S. Moser. Pullach 1973, S. 11–81.
15 Vgl. S. Shriver 1972 (s. Anm. 12).
16 Tenbruck, Friedrich H.: Der Fortschritt der Wissenschaft als Trivialisierungsprozeß, in: Wissenschaftssoziologie. = Kölner Zs. für Soziologie und Sozialpsychologie, Sonderheft 18, Opladen 1975, S. 19–47.

Nutzung[17], oder von scharfen Kritikern auch durch Rückkehr zur Zeit vor dem vermeintlichen Sündenfall, der „Einführung der Technik".

Fragen, die sich nicht in das Normen- oder Fragegerüst der entstandenen naturwissenschaftlichen oder technischen Disziplinen einordnen ließen, wurden zu „Unproblemen" deklariert, vor allem die meisten Norm- und Wertfragen[18]. Die Bemühungen um den Aufbau einer Wissenschaftsdisziplin „Technometrie" wie sie etwa von Russo[19], Purš[20] und Bulferetti[21] empfohlen werden, schreiten auf diesem Wege fort.

Erst die Abwendung von einer monistischen Auffassung[22] und — der heutigen Erkenntnislage entsprechend — die Aufnahme eines komplexen Technikbegriffsfeldes, das sich weder an die Realisierung präformierter geistiger Ideen noch an die dämonisch übermächtige Technik, noch an eine — nicht erkennbare und daher geglaubte — „objektive" und zukünftig seligmachende Technik klammert[23], gibt der Technik eine historische Di-

---

17 Vgl. Popitz 1964 (s. Anm. 12).
18 Zu Wertfragen und ihrer Rolle bei Marcuse s. H. Lenk, 1976, S. 20 ff. (Anm. 20). Zu Versuchen, im sog. „technology assessment" solche Wertpräferenzen und Einschluß gesellschaftlicher Dimensionen zu finden vgl. Simon Moser u. Alois Huning (Hg.), Wertpräferenzen in Technik und Gesellschaft. Düsseldorf 1976.
19 Russo, Francois: L'analyse des techniques et de leur évolution, in: Sidérurgie et croissance économique en France et en Grand Brétagne 1735–1913. Paris 1965, S. 232–237.
20 Purš, J.: La diffusion asynchronique de la traction vapeur dans l'industrie en Europe au XIXe siècle, in: L'acquisition des techniques par les pays non-initiateur. Paris 1973, S. 75–123.
21 Bulferetti, Luigi: Towards a historical technometry, in: Journal of European Economic History 4, 1975, S. 403–414.
22 Solche monistischen Auffassungen ergeben eindrucksvolle Darstellungen, so z. B. Dubos, R.: Reason awake: science for man. New York 1970; Ellul, Jaques: The technological society. London 1965. Mumford, Lewis: The myth of the machine: technics and human development. London 1967; Rosak, T.: The making of a counter culture. Garden City 1969.
23 Zu denken wäre etwa an eine Auffassung von Technik als System materieller und intellektueller Ergebnisse praktischer menschlicher Tätigkeit, Ergebnisse, die als Mittel oder Verfahren weiteren Tuns die individuellen wie kollektiven Grundlagen menschlicher Existenz erhalten und erweitern sollen. Diese Umgrenzung ist der Arbeit von Müller 1968 (s. Anm. 11), entnommen und um charakteristische, über die marxistische Vorlage hinausgehende Elemente erweitert worden. Mit ähnlicher Verklammerung bei Hans Lenk u. Günther Ropohl: Praxisnahe Technikphilosophie, in: Technik oder wissen wir, was wir tun? Hg. W. Ch. Zimmerli. Basel 1976, S. 104–145. S. auch Tuchel, Klaus: Herausforderung der Technik. Gesellschaftliche Voraussetzungen und Wirkungen der technischen Entwicklung. Bremen 1967; Bohring, Günther: Zur Charakteristik der bürgerlichen Technik-Philosophie (Thesen), in: Die Struktur . . . 1968, S. 361–364, s. Anm. 11; Schramm, Johanna: Die Entwicklung der Technikvorstellungen im VDI, in: Die Struktur der Technik . . . 1968, S. 313–336, s. Anm. 11.

mension und damit uns die Berechtigung, von einer besonderen Disziplin Technikhistorie zu sprechen. Dabei greifen kumulatives Wissen als evolutionäres Element sowie individuelle und gesellschaftliche Wertentscheidungen mehr oder minder ineinander.

Operationalisierung

Für die praktische Durchführung technikhistorischer Forschung liegt darin auch die Einsicht, daß sich inzwischen ein großer Komplex systematisch aufgebauter technischer und wissenschaftlicher Kenntnisse angehäuft hat, der nur noch von Spezialisten durchschaut und auf seine Entwicklung hin analysiert werden kann[24]. Nur ist die Frage zu stellen, ob es sich bei dieser inneren Logik oder Eigengesetzlichkeit um eine absolute Dominanz handelt oder doch eher um ein Bündel von Regeln oder Vorschriften, gegebenen Erkenntnis- oder Konstruktionspfaden zu folgen, so daß für die Technik und ihre Entwicklung ein mittel- und langfristig offener und nicht determinierter Rahmen geschaffen wird. Wir müssen also sowohl den inneren Strukturen wie den externen Faktoren der technisch-wissenschaftlichen Entwicklung auf die Spur kommen[25]. Norm- und Wertfragen, wie sie auch die traditionelle Geschichtswissenschaft stellt, könnten damit auch für die Technikgeschichte fruchtbar gemacht werden.

Hinter dem Begriff Technikgeschichte verbergen sich also die beiden herkömmlichen wesentlichen Ausprägungen: Geschichte der Ingenieurwissenschaften (technische TG, engere TG, instrumentengeschichtliche TG, interne TG)[26] als Geschichte der wissenschaftlichen Lehrmeinungen, der durch sie produzierten Artefakte und der ingenieurwissenschaftlichen Vor-

---

24 Hingewiesen sei nur auf die Darlegung der Entwicklung solcher technischer Systeme wie z. B. der des Elektronenmikroskops oder der Raumfahrtraketen.

25 Zur Problematik internalistischer und externalistischer Wissenschaftsgeschichte s. die Vorbemerkungen von Armin Hermann in der Sonderausgabe der Stiftung Volkswagenwerk von Istvan Szabó: Geschichte der mechanischen Prinzipien und ihrer wichtigsten Anwendungen. Basel/Hannover 1976. Seine Überlegungen unterstreichen, wie notwendig methodologische Reflexionen über solche historische Disziplinen sind, welche die Entwicklung vermeintlicher Sachsysteme zum Inhalt haben.

26 S. auch die Gegenüberstellung bei Hans Straub: Die Geschichte der Bauingenieurkunst. Ein Überblick von der Antike bis in die Neuzeit. 2. Aufl. Basel 1964, S. 9: Er will nicht eine Technikgeschichte, sondern eine Geschichte der Bauingenieurkunst schreiben. Auch W. Ostwald möchte eine Geschichte der Technikwissenschaften schreiben: Ostwald, Wilhelm: Grundsätzliches zur Geschichte der Technik, in: Zs. des VDI 73, 1929 Nr. 1. D. S. L. Cardwell: The academic study of the history of technology, in: History of Science 7, 1967, S. 112–124 unterscheidet noch zwischen antiquarischen (instrumentengeschichtlichen) und ingenieurwissenschaftsgeschichtlichen Aspekten.

und Nebenläufer (also handwerklicher Verfahren), aber auch jene Technikgeschichte (Geschichte der Technologie, externe TG, weitere TG, allgemeine TG), die sich auf die Wechselbeziehungen zwischen diesen Ingenieurwissenschaften bzw. ihren Vorläufern und den anderen gesellschaftlichen Handlungsbereichen wie Staat, Wirtschaft, Gesellschaft, Politik, Erziehung usw. konzentriert.

Es geht bei der Erforschung der Geschichte der Ingenieurwissenschaften als einer wissenschaftshistorischen Disziplin um mehr als um die Ermittlung von Daten und Verfahren, es geht um die besondere Struktur technischen Denkens[27], Konstruierens und Experimentierens. Wir verfügen weder über eine „Theorie des Praktischen", wenn dieser scheinbare Widerspruch erlaubt ist, noch eine Theorie der Technikwissenschaft, ja nicht einmal über eine Technikwissenschaft selbst, obwohl Ropohl[28] in der Systemtechnik Ansätze zu einer solchen Technikwissenschaft erkennen will. Diese hält er für ein ausreichendes „theoretisches Integrationspotential" zur Darstellung eines soziotechnischen Systems, in dem sich Menschen und technische Gebilde interagierend gegenüberstehen. Der Ausbau dieser Konzeption könnte der Technikhistorie möglicherweise wichtige Anstöße vermitteln.

Eines Tages wird also eine Historie technischen Denkens, Wissens und Handelns in Parallele gesetzt werden können, beispielsweise zu einer Geschichte der nationalökonomischen Doktrinen, und von hier aus könnte man dann zurückfragen, welche synchronen oder diachronen, hemmenden oder verstärkenden Elemente von der Technik auf die Nationalökonomie ausgegangen sind, ob zum Beispiel möglicherweise bestimmte technische Vorgänge Sismondi zu seiner Verteilungsproblematik angeregt oder Say zu seinem Produktionsproblem als Mittelpunkt seiner Erörterung verholfen haben[29].

Teilziele müßten also eine Strukturgeschichte und eine historische Theorie der Technikentwicklung sein, was freilich voraussetzt — wovon wir ausgehen — daß Technik ein spezifisches System der Wissensproduktion darstellt bzw. besitzt[30]. Weil dieses spezifische System der Wissensproduk-

---

27 Zum „Denkstil" s. Ropohl, Günther: Technologische Sprachkompetenz — ein Ziel der Ingenieurausbildung, in: Technische Intelligenz im technologischen Zeitalter. Düsseldorf 1976, S. 119—138, hier S. 127.
28 Ropohl, Günther: Die historische Funktion der Technik aus der Sicht der Technikwissenschaften, in: Technikgeschichte 43, 1976, S. 125—134; s. a. ders.: Prolegomena zu einem neuen Entwurf der allgemeinen Technologie, in: Hans Lenk und Simon Moser (Hg.), Techne-Technik-Technologie. Pullach 1973, S. 152—172.
29 S. dazu Sommer, Louise: Technik und Wirtschaft, in: Schweizerische Zs. für Betriebswissenschaft und Arbeitsgestaltung 35, 1929, S. 1—15, 42—56.
30 Beide, Wissenschaft und Technik, stellen sich die Aufgabe, Wissen der Natur zu erwerben, beide unterscheiden — besser unterschieden — sich aber in der Intention

tion, die Ingenieurwissenschaften, aber eben nur im sozialen Kontext oder Umfeld handelnd umgesetzt wird, ist eine historische sozialwissenschaftliche Theorie technischen Handelns eines der wesentlichen Erkenntnisziele der Technikhistorie. Dazu wären die so außerordentlich stark divergierenden technischen Einzeldisziplinen zuvor eigentlich auf ihre gemeinsamen oder vergleichbaren Elemente hin ausführlich zu untersuchen. Solche Elemente lassen sich zum Beispiel in der zunehmenden Verwendung von Rotationsverfahren finden oder im Einsatz von Produktionsumwegen bei der Herstellung von bestimmten Produkten[31].

Obwohl nun der Schluß nahe liegen könnte, die Historie der Ingenieurwissenschaften müsse zunächst ausgebaut werden, um sich erst danach der Technikhistorie zu widmen, erscheint uns diese Art der Forschungsoperationalisierung wenig sinnvoll; denn da nicht nur die Technik und ihre Struktur das allgemeine historische Geschehen wesentlich beeinflußt haben, sondern von dort aus auch Rückwirkungen auf die Geschichte der Ingenieurwissenschaften zu notieren sind, müssen diese Probleme gleichzeitig in Angriff genommen werden, damit in einem wechselseitigen Befruchtungsprozeß zusätzliche Dimensionen der Technikgeschichte erschlossen werden und diese ihrerseits einen Beitrag zur „allgemeinen" Geschichte zu liefern vermag. Daraus folgt, daß es im Grunde keine zwei oder gar mehrere Disziplinen Technikhistorie gibt, sondern nur eine einzige, deren Schwerpunkt je nach Fragestellung verlagert wird. Deutlich wird daran, daß die bisherige Form der Geschichte der Ingenieurwissenschaften ihren Monopolanspruch ebenso wird aufgeben müssen wie etwa eine ausschließlich sozialwissenschaftlich begründete Technikgeschichte[32].

Die relative Armut einerseitiger Betrachtungsweisen wird auch deutlich, wenn wir im zweiten Teil dieses Beitrags an Hand einiger uns wichtiger Fragen aus dem Gang des Innovationsprozesses[33] die starke gegenseitige

dieser Fragestellung: Was ist? — Was wird? S. dazu Weingart, Peter: Das Verhältnis von Wissenschaft und Technik im Wandel ihrer Institutionen, in: ders., Wissensproduktion und sozialer Kontext. Frankfurt 1976, 93—133 (zuerst 1975).

31 Dabei könnten solche Prinzipien wie Rotation oder Kontinuität eine wichtige Rolle spielen; auch die höhere Produktivität bei Wahrnehmung von Produktionsumwegen gehört dazu. Vgl. Sachsse, Hans: Technik und Verantwortung. Probleme der Ethik im technischen Zeitalter. Freiburg 1972, S. 55.

32 Rammert 1975 (s. Anm. 6)
Der Beispiele sind Legion, bei denen Ingenieure den Historikern vorwarfen, sie sollten erst einmal eine bestimmte technische Apparatur konstruieren, und umgekehrt die traditionellen Historiker von den Ingenieuren verlangten, erst einmal eine lateinische Urkunde, Burckhardt oder Meinecke zu lesen, bevor sie an technikgeschichtliche Fragestellungen herangingen.

33 Allg. s. Frank R. Pfetsch (Hg.): Innovationsforschung als multidisziplinäre Aufgabe. Göttingen 1975; darin der Beitrag von Troitzsch, Ulrich: Die Einführung des Bessemer-Verfahrens in Preußen — ein Innovationsprozeß in den 60er Jahren des

Abhängigkeit vornehmlich externer wie vorgeblich interner Aspekte beleuchten.

Praktischer Nutzen:
1. *Datierungsprobleme*

Neben den wissenschaftlichen Gründen, sich der Technikgeschichte näher zu widmen, böte sich auch endlich die Möglichkeit an, die oft dürftigen Hinweise auf technische Probleme in wirtschafts- und sozialgeschichtlichen Darstellungen zu verbessern. Dazu ein Beispiel: Die Darstellung der Entwicklung des deutschen Kaiserreiches auf dem Weg zur Hochindustrialisierung hat durch Aufnahme von Theorien aus den Wirtschafts- und Sozialwissenschaften zu neuen wichtigen Ergebnissen geführt. Für den Technikhistoriker bleibt es allerdings bedauerlich, daß die Technikhistorie nur am Rande vorkommt und dann lediglich eine Alibifunktion zu erfüllen scheint. So ist die Darstellung der ökonomischen Aspekte der sogenannten Großen Depression meist sehr ausführlich, während die Einschätzung des technologischen Wandels sich auf den lapidaren Hinweis beschränkt, daß es sich vorwiegend um Rationalisierungsbemühungen gehandelt habe, ohne daß auch nur andeutungsweise der Charakter dieser Maßnahmen deutlich wird, daß Technik und Arbeitsplatzproblematik näher ins Auge gefaßt werden[34].

Hinzu kommt, daß die wenigen technikgeschichtlichen Daten und Wertungen oft aus Irrtümern, Mißverständnissen und falschen Behauptungen bestehen, was zu einem großen Teil freilich auf die schwach entwickelte Technikgeschichte selbst zurückgeht. Zu groß ist auch das Vertrauen der Historiker in das angebotene technikgeschichtliche Datenmaterial, das sie in Unterschätzung des eigenen technischen Sachverstandes häufig aus populärwissenschaftlichen Darstellungen meist älteren Datums entnehmen.

Nun sind falsche Daten, die der Illustration dienen, in der Regel nicht problematisch. Angesichts der Neigung vieler Historiker, fixe Daten als Ereignisse zu begreifen, werden solche Nachlässigkeiten aber doch bedenklich, denn der Zeitpunkt einer technischen „Erfindung" ist nicht mit dem einer Schlacht zu vergleichen. Wenn beispielsweise die Einführung oder

---

19. Jhs. S. 209–240 und Wolfhard Weber: Innovationen im frühindustriellen deutschen Bergbau und Hüttenwesen. S. 169–208; s. auch Wolfhard Weber: Innovationen im frühindustriellen deutschen Bergbau und Hüttenwesen. Friedrich Anton von Heynitz. Göttingen 1976, S. 16–29.

34 S. dazu jetzt anregend Henning, Friedrich Wilhelm: Humanisierung und Technisierung der Arbeitswelt. Über den Einfluß der Industrialisierung auf die Arbeitsbedingungen im 19. Jh., in: Archiv und Wirtschaft 9, 1976, S. 29–59.

Genehmigung des wichtigen Dampfmaschinenpatents von James Watt 1769 als Beginn der „Industriellen Revolution" interpretiert wird, so ist das schlicht falsch. Hier steht ein mühsam gesuchtes Datum für einen Prozeß. Erinnert sei nur an die sehr langsame Durchsetzung der Wattschen Dampfmaschine für England[35] oder ebenso auch für Süddeutschland, wo die Dampfmaschine im 19. Jh. keineswegs als die Hauptantriebskraft angesprochen werden kann[36].

Zu einer fehlerhaften Aneinanderreihung kommt es oft bei Überblicken, wenn lediglich ein dicht gedrängtes Datengerüst geboten werden soll. Hier finden wir dann gleichgewichtig nebeneinander Erfindungs-, Einführungsdaten, undatierte Leistungsangaben, Produktionsziffern und ähnliches mehr, so daß die tatsächliche technik-, wirtschafts- oder sozialgeschichtliche Relevanz bestimmter technischer Entwicklungen gänzlich verdeckt wird[37].

Die gegenwärtige Situation der Technikhistorie erlaubt also nun weder für den materiellen Stand noch den methodologischen Reflektionsgrad besondere Freudenausbrüche. Wissenschaftshistorisch steht diese Disziplin[38] erst am Anfang ihrer Entwicklung. Selbst auf eine zuverlässige Datenkette bei der Abfolge technischer Neuerungen werden wir wohl noch längere Zeit warten müssen Im Gegensatz zu naturwissenschaftlichen Erkenntnissen, die relativ schnell publiziert werden, erfordern technische Leistungen, um von einem Historiker wahrgenommen zu werden, stets einen aufwendigen Vermittlungs- oder Übersetzungsmechanismus, und zwar doppelter Art: Zunächst gilt es, Erkenntnisse der Naturwissenschaften in eine den Ingenieurwissenschaftlern verständliche Sprache umzusetzen (erinnert sei nur daran, daß Festigkeitsvorstellungen, die in den Kategorien der cartesianischen Physik mitgeteilt wurden, von Ingenieuren nicht verstanden wurden), zum anderen sind die dann von Ingenieuren entwickelten Produkte oder Verfahren über Zeichnungen oder Beschreibungen von Gegenständen dem Historiker mitzuteilen[39].

35 Harris, J. R.: The employment of steam power in the 18th century, in: History 52, 1967, S. 133–148; Musson, A. E.: Industrial Motive Power in the United Kingdom, 1800–1870, in: The Economic History Review, 2nd ser. 29, 1976, S. 415–439.

36 Boelcke, Willy A.: Wasserkraft treibt die Industrialisierung an, in: Stuttgarter Zeitung vom 27. Juni 1974; ders. Wege und Probleme des industriellen Wachstums im Kgr. Württemberg, in: Zs. f. Württ. Landesgesch. 32, 1973, S. 436–520.

37 Zur Daten- bzw. Quellenproblematik s. bes. White jr., Lynn: Machina ex deo. Essay in the dynamism of western culture. Cambridge/Mass. 1968, S. 107.

38 S. die Einteilung bei Alemann, Heine von: Organisatorische Faktoren im Wissenstransfer. Eine explorative Untersuchung zur Situation in den Sozialwissenschaften, in Wissenschaftssoziologie. = Kölner Zs. für Soziologie und Sozialpsychologie. Sonderheft 18. Opladen 1975, S. 254–286 hier S. 281 unter Hinweis auf Arbeiten von Clark und Weingart.

Darüber hinaus hat eine recht einseitige Kassation in der öffentlichen und privaten Archivverwaltung Beschreibungen technischer Vorgänge oft vernichtet. Auch das technische Gerät selbst ist nach seiner Stillegung durch Abbruch oder Vernichtung gefährdet, wie die Bemühungen um die Erhaltung oder Registrierung technischer Denkmäler immer wieder zeigen[40]. Doch selbst, wo diese Quellen noch vorhanden sind, bedarf das Material einer geduldigen, kenntnisreichen und sorgfältigen Interpretation und Wiedergabe[41].

2. Zeiträume

Zu den Zeiträumen, die dringend einer intensiveren Behandlung bedürfen, gehören das Mittelalter, wie White erst kürzlich dargestellt hat[42], aber auch eine sogenannte „Zeitgeschichte der Technik", also die Technikgeschichte des letzten halben Jahrhunderts. Als Ursachen für diese zurückhaltende Behandlung wären einmal die wenig erschlossenen Quellen für diesen Zeitraum zu nennen, aber auch die heterogene Entwicklung in verschiedenen Staaten, die den Einzelforscher erschreckt und die hohen Spezialkenntnisse, die zur Durchdringung dieses Sachverhalts notwendig sind.

3. Begriffe

Neben die Umsetzung und Ermittlung von Zeitdaten tritt also die Erschließung technischer Quellen und Begriffe. Die Forderung nach einem Wörterbuch der Technikgeschichte mag technizistisch klingen, doch helfen Begriffsabgrenzungen die Methoden einer Wissenschaft erläutern und voran-

39 S. auch Mauel, Kurt: Museale Quellen zur Technikgeschichte des 19. Jhs., in: Archiv und Wirtschaft 9, 1976, S. 84—92; zum Spezialfall der Transponierung der Maxwellschen Gleichungen s. Layton, Edwin: Mirror-image-twins: The communities of science and technology in 19th century America, in: Technology as knowledge, in: Technology and Culture 15, 1974, S. 31—41.
40 Paulinyi, Akos: Industriearchäologie: Neue Aspekte der Wirtschafts- und Technikgeschichte. Dortmund 1975 = Gesellschaft für Westfälische Wirtschaftsgeschichte Heft 19; Slotta, Rainer: Technische Denkmäler in der Bundesrepublik Deutschland. Bochum 1975; Axel Föhl: Technische Denkmale im Rheinland. Köln 1976. Darin der Beitrag von Wolfhard Weber. Technische Denkmale — Historische Topographie. S. 13—26.
41 Price, Derek de Solla: On the historiographic revolution in the history of technology: Commentaries on the papers by Multhauf, Ferguson and Layton, in: Technology and Culture 15, 1974, S. 42—48; Ferguson 1974 (s. Anm. 9.).
42 White, Lynn: The Study of medieval technology 1924—1974, in: Technology and Culture 16, 1975, S. 519—530.

treiben. Auch der Hinweis auf Francis Bacon und die Enzyklopädisten, die solche Forderungen bereits ebenfalls erhoben hatten, sollte hier nicht abschrecken. Mögen gelegentlich Begriffe der Ingenieurwissenschaften eindimensional und wissenschaftlich leicht zu erklären sein, so sind Bemühungen, komplexe Phänomene „auf den Begriff" zu bringen, außergewöhnlich schwierig[43]. Das bekannteste Beispiel haben wir schon angeführt, den Terminus Technik selbst, ein stark weltanschaulicher Begriff. Ähnliches ließe sich für Fabrik, Manufaktur, Verfahren, Prozeß, Maschine, Apparat usw. feststellen[44]. Sehr schwierig wird dieser Versuch freilich, wenn dasselbe Wort in verschiedenen Wissenschaften jeweils andere Inhalte abdeckt.

Daraus folgt, daß manche Begriffe nur fächerübergreifend hinreichend erklärt werden können, wie beispielsweise der Begriff „Innovation", der jenen Prozeß beschreibt, der von der „Erfindung" über eine bestimmte Reifezeit zur produktiven Anwendung bzw. Verwendung eines Verfahrens oder Produktes führt[45]. Spezifizierungen wie Basis-, Pionier-, Äquivalenz-, Ersatz-, Rand- oder Verbesserungsinnovationen beziehen ihre Festlegungen aus technischen, wirtschaftlichen oder gesellschaftlichen Auswirkungen und Bewertungen. Bei ihrer Abgrenzung spielt das Problem der Zuordnung von Werten in der Technik wie der Technikgeschichte eine bisher ungelöste Rolle. Allein der Begriff „Reifezeit", also jene Phase zwischen Entwicklung des technischen Prinzips und der endgültigen Durchsetzung bzw. der kommerziellen Anwendung eines Produktes oder Verfahren über die Prototypen hinaus, variiert je nachdem, ob man z. B. die „Erfindung" des Fahrrades dem Freiherrn von Drais zuschreibt oder die Entwicklung erst mit der Verwendung des Pedalantriebes beginnen läßt. Man gelangt so zu abweichenden Reifezeiten, die in Bezug auf die Geschwindigkeit des technischen Fortschritts zu völlig unterschiedlichen Interpretationen führen. Wenn nämlich der Schluß gezogen wird — wofür sich Beispiele anführen lassen — daß sich Reifezeiten zur Gegenwart immer mehr verkürzt hätten, dann besteht der Verdacht, daß nur solche Beiträge ausgesucht und verglichen wurden, die dieses Beweisthema von vornherein unterstellten[46]. Für die Technikgeschichte ist hier in mühsamer Arbeit für jedes spezielle technische Gebiet ein ganz bestimmtes zeitspezifisches Niveau zu erarbeiten,

---

43 Timm, Albrecht: Kleine Geschichte der Technologie. Stuttgart 1964, S. 68; ders.: Einführung in die Technikgeschichte. Berlin 1972, S. 60.
44 S. dazu Timm 1964 (s. Anm. 43); Timm 1968 (s. Anm. 5); Daumas 1969 (s. Anm. 7).
45 Sachsse, 1972 (s. Anm. 31). S. weist eindringlich auf die vielen biologischen Termini für Teilbereiche des Innovationsprozesses hin (S. 57).
46 Mensch, Gerhard: Zur Dynamik des technischen Fortschritts, in: Zs. für Betriebswissenschaft 41, 1971, S. 295–314; s. dazu Brockhoff, Klaus: Zur Dynamik des technischen Fortschritts, in: Zs. für Betriebswissenschaft 42, 1972, 283–291 und die Erwiderung von G. Mensch S. 291–297; Bress, Ludwig. Politik, Ökonomie und Technologie, in: Deutsche Studien 15, 1977, S. 34–50.

dem dann jede Neuerung zugeordnet werden kann, da Oxygenstahlverfahren nicht mit Lippenstift, Transistor nicht mit Kugelschreiber gleichrangig verglichen werden können.

4. Ausgewählte Fragen der technikhistorischen Interpretation von Innovationsprozessen

Die Reihenfolge der nun angesprochenen Probleme orientiert sich in etwa an ihrem Stellenwert innerhalb des Innovationsprozesses[47], wobei immer wieder deutlich gemacht werden soll, daß unabhängig von ihrem Ausgangspunkt aus Problemen der inneren oder äußeren Technikgeschichte sehr starke Verklammerungen mit allen Bereichen zu verzeichnen sind. So soll nach den Problemen des Messens bzw. der Quantifizierung und der Tradition in der Konstruktionstechnik sowie dem Niveau der Kapitalgüterindustrie die Frage von Amateur und „Profi" beim Entwickeln bzw. „Erfinden" von Neuerungen sowie die Frage der Ergiebigkeit von Patentuntersuchungen dargestellt werden. Auf eine Wiederaufnahme der allgemeinen Problematik des Verhältnisses von Wissenschaft und Technik sowie der Frage der Verwissenschaftlichung der Technik folgen dann Aspekte, die sich aus der Geschichte der Materialprüfung ergeben; es soll auf die Barrieren der Innovationsdiffusion sowie Rückwirkungen neuer auf ältere Technologien hingewiesen werden, bevor wir auf einige wichtige Gebiete aus der Arbeitswelt und der „Zeitgeschichte" der Technik eingehen, um dann einen Vorschlag für eine zukünftige Strategie vorzulegen.

4a. Messen

Das Messen bzw. die Quantifizierung der drei Bereiche Distanz, Gewicht und Zeit ist mit jeder Art wissenschaftlicher und technischer Fähigkeit verbunden und seit der Antike besonders für Astronomie und Schiffahrt überliefert[48]. Über die Einzelentwicklungen der Meßapparaturen liegen vielfältige Studien vor[49], die überwiegend eine Eigendynamik der Meßver-

---

47 Bei Zacher 1976, S. 37 (s. Anm. 6) stehen betriebliche Überlegungen stark im Vordergrund. Es sind z. T. ähnliche Forschungsziele angegeben wie im vorliegenden Beitrag, in den freilich in größerem Maße Ergebnisse der Diffusionsforschung eingegangen sind: Vgl. dazu vor allem E. M. Rogers und F. F. Shoemaker: Communication of Innovations. London 1971.

48 Z. B. Böhme, Gernot: Quantifizierung und Instrumentenentwicklung, in: Technikgeschichte 43, 1976, S. 307–313.

49 S. Haeberle, Karl Erich: 10.000 Jahre Waage. Aus der Entwicklungsgeschichte der Wägetechnik. Balingen 1967.

fahren postulieren bzw. den kumulativen Vorgang der Meßtechnik betonen. Versuche, historische Stagnations- oder Beschleunigungsphasen in der Entwicklung der Meßtechnik genauer zu erklären, sind erst in jüngster Zeit in einem Brückenschlag zur Sozialgeschichte getan worden[50]. Angesichts der besonderen Qualität der historischen Quellen in der Geschichte des Messens wie der Technik überhaupt, die uns als gegenständliche Quellen wenig über die Motivation ihres Einsatzes sagen, wird nun versucht, mit Hilfe vergleichender Ansätze herauszufinden, welche Gegenstände oder Verfahren man mit welcher Begründung zu messen versuchte. Wegen der so unterschiedlichen Meßobjekte in Wissenschaft und Gesellschaft muß zunächst untersucht werden, ob hier naturwissenschaftlich-technisches Können das soziale Verhalten beeinflußt hat oder inverse Einflüsse vorhanden gewesen sind. Dieser neue Frageansatz befreit die Geschichte des Messens aus der fast ausschließlich ingenieurwissenschaftsgeschichtlichen oder instrumentengeschichtlichen Fragestellung.

Da die Quantifizierung eine der tragenden Säulen im Selbstverständnis moderner Natur- und Technikwissenschaften ist und auch in den Sozialwissenschaften ein breites Feld erobert hat, kann auf die Geschichtlichkeit dieser Meßkunst nicht deutlich genug hingewiesen werden. Auch in anderen technischen Handlungsbereichen, wie etwa der mittelalterlichen Baukunst, ist schon mit genau bestimmten Größen gerechnet worden[51]; jedoch konnte man wegen des sehr unterschiedlichen Anwendungsbedarfs mit relativ geringen Abstraktionsgraden auskommen. Erst durch die Eingrenzung bzw. Konzentration der Fragen auf idealisierte Gegenstände der Natur und auf neue, künstlich geschaffene Materialien ergaben sich Vergleichsmöglichkeiten. Dabei hat sich die Intensität des Messens besonders auf dem Weg vom Wissenschaftsgebot der Systemfindung (bis zum 18. Jh.) zum Gebot der Suche nach den Triebkräften (19. Jh.) erheblich verstärkt.

50 Eichberg, Henning: Der Weg des Sports in die industrielle Revolution. Baden-Baden 1973; ders. Auf Zoll und Quintlein. Sport und Quantifizierungsprozeß in der frühen Neuzeit, in: Archiv für Kulturgeschichte 56, 1964, S. 141–176. Einen wichtigen Anstoß zur Untersuchung von in verschiedenen Disziplinen anscheinend gleichartig und auch gleichzeitig auftretenden Phänomenen gab auch Mayr, Otto: Adam Smith and the Concept of the Feed Back System. Economic Thought and Technology in 18th Century Britain. Technology and Culture, 12, 1971, S. 1–22. Inwieweit Technik das menschliche Verhalten verändert, ist für viele Bereiche noch nicht untersucht. Naheliegend wären z. B. Untersuchungen über den Einfluß künstlicher Beleuchtung auf Arbeit und Feierabend/Freizeit, die Auswirkungen neuartigen Schnellverkehrs auf menschliche Reaktionsweisen etc.

51 Gernot Böhme; Wolfgang Krohn; Wolfgang van den Daele: Die Verwissenschaftlichung von Technik, in: Zum Verhältnis von Wissenschaft und Technik. Erkenntnisziele und Erzeugungsregeln akademischen und technischen Wissens. Hg. Peter Lundgreen. Bielefeld 1976 = Wissenschaftsforschung Report Nr. 7, S. 32–76: hier S. 33 ff.

4b. Konstruieren

Wie das Quantifizieren bzw. Messen erscheint uns auch das ingenieurwissenschaftliche Konstruieren als Inbegriff der Rationalität. Die Mathematisierung der Ingenieurwissenschaften in den vergangenen 200 Jahren scheint eine solche Auffassung zu bestätigen[52]. Außertechnische Einflüsse billigte man Ingenieuren lediglich beim Styling zu, also bei der äußeren Form technischer Gebilde. So verlangte etwa Franz Reuleaux, der große Theoretiker des Maschinenbaus im 19. Jahrhundert, neben der Zweckmäßigkeit auch „Eleganz" bei den Produkten[53]. Bei höherwertigen Werkstoffen schlug die Mode bzw. eine der Zeit entsprechende Architektur auch auf die ästhetische Gestaltung durch, etwa wenn bei Dampfmaschinen klassische Säulen oder gotisches Maßwerk mit schmiedeeisernen Ständern bei Drehbänken auftauchten; Erscheinungen, die beim Kunsthandwerk noch deutlicher werden. Nicht nur die Kunstgeschichte, auch die Technikgeschichte kann einer Betrachtung dieser Stille, die bis in die Gegenwart hinein einem stetigen Wandel unterworfen sind, noch weitere Erkenntnisse abgewinnen, da sie nähere Aufschlüsse über die Wechselbeziehungen zwischen künstlerischer und technischer Gestaltung geben können[54].

Aber nicht nur die äußere Gestaltung, auch technisches Schaffen im engsten Sinne verlangt, vielleicht noch mehr als bei den Naturwissenschaften, ein hohes Maß an Intuition über die Beherrschung naturwissenschaftlich-mathematisch begründeter Regeln hinaus[55]. Sie kommt vor allem im Formensinn und der Kombination verschiedener technischer Teileelemente zum Ausdruck[56]. Hier haben wir es mit einem weiten Bereich soziokul-

52 Klemm, Friedrich: Die Rolle der Mathematik in der Technik des 19. Jhs., in: Technikgeschichte 33, 1966, S. 72–90. – Ende des 18. Jhs. entwickelt Gaspard Monge die darstellende Geometrie, eine Methode zeichnerischer Darstellung, die statt der naturgetreuen Abbildung lediglich ein auf mathematischen Grundlagen beruhendes abstraktes Gebilde an seine Stelle treten läßt. Die Mathematisierung im 19. Jh. scheint diese Tendenz zu verstärken: Franz Reuleaux entwickelt um 1875 seine vieldiskutierte Theoretische Kinematik der Maschinenlehre, die das Erfinden lehrbar machen möchte. Danach lassen sich alle konstruktiv technischen Bestandteile zu logischen Erkenntnissen verknüpfen. Auch wenn diese Theorie inzwischen vergessen ist, so hat sie der Auffassung von der inneren Logik der Technik doch große Nahrung gegeben. Zur zeitgenössischen Kontroverse s. Braun, Hans Joachim: Methodenprobleme der Ingenieurwissenschaft 1850–1900, in: Zum Verhältnis von Wissenschaft und Technik, (s. Anm. 51), S. 128–160.
53 Reuleaux, F.: Der Constructeur. Braunschweig 1861, S. IX.
54 Ein Hinweis auf diese Problematik fehlt bei Hausen/Rürup 1975 (s. Anm. 6). Vgl. dazu Timm 1972 (s. Anm. 6).
55 Sachsse 1972, S. 101 ff. (s. Anm. 31).
56 Redtenbacher zit. nach Klemm, Friedrich: Technik. Eine Geschichte ihrer Probleme. Freiburg 1954, S. 330.

tureller und ökonomischer Einflußfaktoren zu tun, die sicherlich Abstriche von der Auffassung absoluter Rationalität verlangen. Traditionale Elemente der Konstruktionstechnik lassen sich besonders deutlich am Übergang von der Hand- auf die Maschinenarbeit nachweisen, als man die alte, der körperlichen Arbeit angepaßte Form der Werkzeuge lange beibehielt und sie lediglich mit einem mechanischen Antrieb verband[57]. Auch die Natur ist Anreger für technisches Konstruieren gewesen[58]; beide Faktoren lassen sich durch den Begriff des Funktionalismus abdecken, und dieser Begriff hat trotz aller von den Zeitgenossen jeweils fest geglaubten Sachgesetzlichkeiten einen bestimmten Anteil traditionaler Elemente. So wurden etwa im Maschinenbau bei bestimmten Maschinentypen Konstruktionselemente über Generationen „mitgeschleppt", die sich dann plötzlich als überflüssig erwiesen oder durch eine wesentlich einfachere Konstruktion ersetzt wurden.

4c. Erfinden

In der bisherigen Geschichtsschreibung fanden die Erfinderpersönlichkeiten starke Beachtung, ja sie waren vorübergehend sogar ein Lieblingskind der Technikhistorie. Allerdings bewegte man sich dabei in der Regel auf dem Pfade der kritiklosen Heroengeschichtsschreibung und des Geniekultes, vor allem dann, wenn es sich bei dem „Erfinder" zugleich um einen erfolgreichen Unternehmer handelte. Neuerdings wird unter sozialgeschichtlichen Anregungen die Frage diskutiert, aus welchen Schichten sich die „Erfinder" rekrutierten, welche Motivationen sie hatten, und vor allem, welche Barrieren ihrem Erfolg entgegenstanden[59]. So muß, unter Einbeziehung der zahlreichen gescheiterten „Erfinder", die der Sozialpsychologie entnommene Hypothese noch näher untersucht werden, nach der Erfinder überwiegend aus Randgruppen stammte, die sich entweder frei von den jeweils verbindlichen Normen fühlten oder einen sozialen Abstieg erlebt hatten, während die Innovatoren oft als Meinungsführer latente Bedürfnisse oder Marktchancen besser und eher erkannten[60]. Als

---

57 Dessauer, Friedrich: Streit um die Technik. 2. Aufl. Frankfurt/Main 1958, S. 420. Zur Organprojektion s. Kapp, Ernst: Grundlinien einer Philosophie der Technik. Braunschweig 1877.
58 S. Dettmering, Wilhelm: Vorbilder der Natur für die moderne Technik, in: Technikgeschichte als Vorbild der Natur. o. O. o. J. (1975) S. 43–60.
59 Für die Historie zuerst aufgegriffen von Fritz Redlich. Der Unternehmer. Göttingen 1964.
60 Hagen, E. E.: On the theory of social change. London 1964; Schumpeter, Joseph A.: Konjunkturzyklen. Göttingen 1961. McClelland, David C.: Die Leistungsgesellschaft. Stuttgart 1961.

Erkenntnishilfen für zeitlich und geographisch abgegrenzte Räume sind Hypothesen dieser Art zu empfehlen, für Generalisierungen im Sinne eines in der Technik-Entwicklung stets präsenten Erfinder-Typs erscheint sie uns hingegen kaum brauchbar.

Auch die Frage nach dem Anteil von „Laienerfindern" am sogenannten technischen Fortschritt ist noch nicht ausreichend beantwortet. Zweifellos hat dieser Typ in der Vergangenheit eine wesentlich größere Rolle gespielt als in der Gegenwart. Auch sein Antagonist, der „Profi", der professionelle „Erfinder", müßte mit einer tiefergehenden Arbeitshypothese als der des Geniekultes untersucht werden. So besaß Henry Bessemer hunderte von Patenten; seine bekannteste Entwicklung, die Flußstahlgewinnung, hätte er nach eigenen Angaben freilich nie zustande gebracht, wenn er „gelernter" Eisenhüttenmann gewesen wäre. So könnte man die Professionalisierung des Erfindens bzw. des Erfinders konfrontieren mit der „Erfinderarmut" der an ingenieurwissenschaftlichen Institutionen Tätigen bzw. den Wandel dieses Verhältnisses durch die letzten 200 Jahre untersuchen.

4d. Patente

In enger Nachbarschaft der Problembereiche „Erfinder" und „Durchsetzer" sowie „gesellschaftliches Normengefüge" ist die Patentproblematik angesiedelt. Schmookler hat für verschiedene Industriezweige (Eisenbahn, Erdöl, Landmaschinen, Papier) nachgewiesen, daß Marktelemente und keineswegs wissenschaftliche Strukturen für bestimmte Erfahrungen maßgebend gewesen seien, daß also die Behauptung, die Wissenschaft forme weitgehend unser technisch-industrielles Leben, unbewiesen bleibe[61]. Er konnte diese Behauptung scheinbar erhärten durch die Messung von Patentierungs- und Investitionswellen, wobei sich eindeutig eine gewisse Verzögerung für Patentwellen ergab. „Zahlreiche Erfindungen setzen erst dann ein, wenn ein gefragter Artikel zum ersten Mal angeboten worden ist". Schmookler ging dabei von der Zahl der Patente aus und maß damit im wesentlichen die Verbesserungsinnovationen, d. h. die Verbesserungszeiten eines Proto- oder Einführungstyps. Daß Verbesserungen unter der Erwartung von Profiten zustande kommen, ist sicherlich sehr plausibel

---

61 Schmookler, Jacob: Changes in industry and the state of knowledge as determinants of industrial invention, in: The rate and direction of inventive activity. Princeton 1962, S. 195–232, hier S. 228; ders.: Economic sources of inventive activity, in: The economics of technological change. Hg. Nathan Rosenberg, Harmondsworth 1971, S. 117–136, hier S. 134 (zuerst 1962); ders.: Invention and economic growth. Cambridge, Mass. 1966. Eine technologische Leistungsbilanz von Staaten zu Vergleichszwecken ist wenig aussagekräftig, solange nicht die über Patentpools oder andere Umwege aus dem Zahlungsverkehr herausgenommene Patentleistungen in die Statistik aufgenommen werden können.

und auch durch die von Schmookler benutzte Methode nachweisbar. Wenig oder gar nicht berücksichtigt ist dabei, daß erst eine gewisse Anzahl grundlegender „Erfindungen" in Richtung auf eine Basisinnovation gemacht werden müssen, die sich dann mit Hilfe von Verbesserungsinnovationen am Markt durchsetzt.

Da ein Patent in der Regel ein Instrument zur zeitweiligen Monopolsicherung ist, so wird es eben nur dann genommen, wenn diese Hoffnung auch erfüllbar ist. Wenn ein Land, wie zum Beispiel Preußen, in den ersten zwei Dritteln des 19. Jhs. aus politischen wie ökonomischen Gründen Patente nur sehr restriktiv erteilt, ein anderes Land dagegen sehr großzügig damit verfährt, so wird die gewählte Methode unzuverlässig, vor allem dann, wenn damit die technische Leistungsfähigkeit verschiedener Länder vergleichend gemessen werden soll. Problemlösungsfreude, Versuche zur Umgehung von bestehenden Patenten und andere Motive[62] müßten in Untersuchung über Bildungssystem und soziale Dynamik aufgenommen werden und beitragen helfen, Wachstum und Richtung technischen Wissens und Könnens besser zu analysieren[63]. Dabei sei vorgeschlagen, Motivationen solcher Tätigkeiten einmal in Abhängigkeit von der Entfernung vom Verwertungsprozeß auf dem Markt zu untersuchen und dabei auch die Grundlagenforschung in ihrer historischen Entwicklung ins Auge zu nehmen.

Die Patentmeldung bringt, wie aus dem eben Gesagten leicht hervorgeht, auch keine Lösung der vor allem von einer antiquierten Geschichtsschreibung noch immer favorisierten Prioritätsstreitigkeiten. Die immer wieder behaupteten spontanen „Parallelerfindungen" sind wegen mangelnder Quellen nur ganz unzureichend erforscht[64]. Unabhängig vom Urteil der jeweiligen Patentbehörde müßte der Technikhistoriker aber untersuchen, ob nicht – ein bestimmtes technisch-wissenschaftliches Niveau vorausgesetzt – der Schritt zur Erfindung „in der Luft" lag oder ob es sich nicht um eine „Äquivalenzerfindung" handelte, d. h. eine nicht identische, wohl aber in der Wirkung ähnliche Erfindung[65]. Hier dürften sich zwischen Technik und Naturwissenschaften erhebliche Unterschiede zeigen.

---

62 White 1968, S. 108 (s. Anm. 37).
63 Lundgreen, Peter: Bildung und Wirtschaftswachstum im Industrialisierungsprozeß des 19. Jhs. Berlin 1973; ders.: Techniker in Preußen während der frühen Industrialisierung. Berlin 1975.
64 Als ein Paradebeispiel für eine Parallelerfindung wurde häufig die Entwicklung der Wassersäulenmaschine in Schemnitz und im Oberharz angeführt. Neuaufgefundene Quellen aber beweisen, daß es sich um einen raschen Technologietransfer gehandelt hat. Vgl. dazu Weber 1976 (s. Anm. 33); ders.: Das Berg- und Hüttenwesen des 18. und 19. Jhs. in der historischen Innovationsforschung, in: Technikgeschichte 43, 1976, S. 47–59, hier S. 56 ff.
65 S. Mauel, Kurt: Die Unabhängigkeit gleichzeitiger Erfindungen auf dem Gebiete des Verbrennungsmotors, in: Technikgeschichte 41, 1974, S. 33–51.

4e. Wissenschaft und Technik; Verwissenschaftlichung der Technik

In der Zeit der Ausreifung einer Innovation macht sich in der Art ihrer Veränderung und Anpassung an vorgegebene Ziele die Verwissenschaftlichung der Technik besonders bemerkbar[66]. Diese muß nun aber zunächst getrennt betrachtet werden von einem vorher ablaufenden Prozeß, dem der Trennung von Wissenschaft und Technik als handlungsorientierender Norm.

Zu letzterem hat Weingart kürzlich Stellung genommen[67]: Der mittelalterlichen Wissenschaftsauffassung, die esoterisch weitergegebene Verbindung von Wissen und Glauben, in deren Genuß nur wenige kommen durften[68], wurde in der Renaissance abgelöst durch die viel schärfere Forderung, „wahr und nützlich" zugleich zu sein. Diese Auffassung enthält in ihrer Konsequenz zugleich auch die von Fortschritt und Kooperation. Dieses gemeinsame Postulat nach Wahrheit und öffentlicher Nützlichkeit bildete die Grundlage einer Wissenschaftsauffassung, die, einprägsam von Francis Bacon formuliert, bis zum Ende des 18. Jhs. zu zahlreichen Entdeckungen und Erfindungen und immer neuen Disziplinen führte. Gegen diese enge Verbindung, die sich in der Person des „wissenschaftlichen Amateurs" Ende des 18. Jhs. als erkenntnishemmend auswirkte und zudem politisch unerwünscht war, setzte, vor allem in Deutschland (Preußen), die Favorisierung der „reinen" Wissenschaft ein, etwa deutlich an Gründung und Aufgabenstellung der Berliner Universität (1810). Diese Auffassung führte zur Einbeziehung der Mathematik und der Emanzipation der Naturwissenschaften als Universitätswissenschaften, während die Ingenieurwissenschaften als Repräsentanten der Nützlichkeit zunächst weit zurückblieben.

Nach einer politisch und sozial motivierten Trennung von Wissenschaft und Technik um 1800 drängten, wie Manegold gezeigt hat, die Ingenieurwissenschaften auf eine Verwissenschaftlichung bzw. Mathematisierung ihrer Disziplinen, deren Hauptkennzeichen systematische Organisation, Vertrauen auf das Experiment und Entwicklung mathematischer Theorien waren[69]. Das wäre über den Bereich der wissenschaftlichen Forschung und

---

S. z. B. Scherer, F. M.: Invention and innovation in the Watt-Boulton steam engine venture, in: Technology and Culture 6, 1965, 165–187.

66 Zur Verwissenschaftlichung s. Ludloff 1967 (s. Anm. 11) wobei es doch sehr die Frage ist, ob heute noch die Problematisierung „Technik oder Wissenschaft als treibendes Element der historischen Entwicklung" besonders fruchtbar ist, ob nicht eher „Grundlagenforschung und angewandte Forschung" eine adäquatere Fragestellung darstellt.

67 S. Weingart 1976 (s. Anm. 30).

68 Olschki, Leonardo: Die Literatur der Technik und der angewandten Wissenschaften vom Mittelalter bis zur Renaissance. Heidelberg 1919, S. 9 ff.

69 Layton 1971 (s. Anm. 39); Weingart 1976, S. 116 (s. Anm. 30). Rapp, Friedrich:

Ausbildung hinaus zu belegen. Erinnert sei daran, daß die durch die Humboldtsche Universität Ausgebildeten und politisch Handelnden in der Mitte des 19. Jhs. nicht mehr in der Lage waren, die durch Feuer, Seuchen, Abwässer und Luftverschmutzung auf die Großstädte zukommende Wohnungs- und Siedlungsprobleme zu lösen, sondern daß man hier Ingenieuren und Medizinern zögernd eine entscheidende, auch politische, Mitsprache zubilligen mußte. Zugleich baute man im nationalen wirtschaftlichen Konkurrenzkampf auf ihre Leistungen.

Es lag in der Konsequenz dieser Entwicklung, daß bei Anerkennung der unterschiedlichen Normen — der Naturwissenschaftler wünscht eine möglichst vielseitig verwendbare und abstrakte Formulierung seiner Entdeckung, der Ingenieur eine erfolgreiche Realisierung seines Vorhabens [70] — daß also in der Folge dieser Entwicklung nicht nur die Ingenieurwissenschaften für technische Zwecke eine „Übersetzung" der naturwissenschaftlichen Erkenntnisse verlangten, sondern daß die Ingenieurwissenschaften ihrerseits zunehmend abstrakter formulierten und sich durch diese Art „Objektivierung" auch zunehmend der sozialen Kontrolle entzogen. In einer Art Gegenuntersuchung wäre nun freilich auch herauszufinden, in welcher Weise die Naturwissenschaften ihrerseits technische Verfahren und Erkenntnismöglichkeiten nutzten. Die Anerkennung subjektiver Erfahrungen für den naturwissenschaftlichen Forschungsprozeß führte hier eine entscheidende Wende und für die Physik das endgültige Ende der cartesianischen Mechanik herbei. Mit der wachsenden gegenseitigen Durchdringung entwickelte sich auf beiden Gebieten, in den Naturwissenschaften früher als auf dem Gebiet der Ingenieurwissenschaften, der Gelehrte zum Forscher [71].

Technik und Naturwissenschaften — eine methodologische Untersuchung, in: Techne-Technik-Technologie. München 1973, S. 108—132; ders.: Die Forschung in der Technik des 19. Jhs., in: Studien zur Wissenschaftstheorie. Hg. A. Diemer. Meisenheim 1977; Manegold, Karl Heinz: Die Entwicklung der TH Hannover zur wissenschaftlichen Hochschule. Ein Beitrag zum Thema „Verwissenschaftlichung der Technik im 19. Jh.", in: Technikgeschichte in Einzeldarstellungen 16, 1970, S. 13—46.

70 Die Verdichtung dieser Normen zu Paradigmen enthalten, wie Johnston, R. D.: The internal structure of technology, in: The Sociology of Science Hg. D. Halmos. Keele University S. 117—130, hier S. 122 f. herausstellt, kognitive **und** professionelle Elemente.

71 Diemer, Alwin: Der Begriff Wissenschaft und seine Entwicklung im 19. Jh., in: Geschichte der Naturwissenschaft und der Technik im 19. Jh. Düsseldorf 1970 = Technikgeschichte in Einzeldarstellungen 16; Braun, Hans Joachim: Theorie der Technik, in: Überwegs Grundriß der Geschichte der Philosophie. 19. Jh. Hg. H. M. Saß. Basel 1977; ders.: Allgemeine Fragen der Technik an der Wende zum 20. Jh. Zum Werk P. K. Engelmeyers, in: Technikgeschichte 42, 1975, S. 306—326. In der dynamischen Entwicklung, von der Natur- wie Ingenieurwissenschaften parallel ergriffen waren, hat sich eine soziale Norm ganz besonders fruchtbar

Wesentliche Anstöße zur Verwissenschaftlichung der Technik und ihrer Institutionalisierung haben Sicherheitsbedürfnisse und Überprüfung von Materialeigenschaften neuer Stoffe gebracht, die im Prinzip schon von Galilei gefordert worden waren [72]. Die immer wieder auftretenden Pannen und Unglücksfälle beim Betrieb technischer Anlagen weisen darauf hin, daß Technik innerhalb ihres Bestimmungszusammenhangs (in der Zukunft ein betriebssicheres technisches Verfahren oder einen gewünschten Gegenstand bereitzustellen) auch eine sehr starke empirische Komponente innewohnt. Bei der anhaltenden Dynamik technisch-naturwissenschaftlicher Entwicklung bleibt oft keine Zeit, bestimmte Maschinen oder Vorrichtungen unter betrieblichen Bedingungen über die gesamte vorgesehene Zeitdauer vorzuprüfen. Simulationen erbringen hier auch heute nur Näherungswerte. Vorreiter dieser Entwicklung war dabei die Militärtechnik. Die Dampfkesselüberwachungsvereine, Vorläufer unserer heutigen technischen Überwachungsvereine, entstanden, um Unglücksfälle in Zukunft abzuwehren. Vor allem im 18. und 19. Jh. konnten viele Probleme, die bei der Übertragung vom Modell in die Praxis entstanden, nicht vorhergesehen werden [73]. So sind insbesondere pauschale Vorwürfe über die Leichtfertigkeit bestimmter Unternehmer oder Ingenieure beim Einsatz von Maschinen im Betrieb doch genauer auf ihre zeitbedingten ingenieurwissenschaftlichen Grundlagen hin zu untersuchen [74].

Nun haben sich die Forschungen über das Betriebsverhalten von technischen Anlagen aus der Diffusionszeit eines Produktes langsam in seine Reifezeit zurückverlagert und sind inzwischen auch längst in die Grundlagenforschung übergegangen. An die Stelle qualitativer Wertungen in dem Sinne, diesen oder jenen Stoff zu verwenden, ist die quantitative Aussage, d. h. eine Anleitung zur Dimensionierung eines bestimmten Stoffes, getreten [75].

    erwiesen: das Recht und die Möglichkeit der Studierenden, Vorlesungen und Übungen selbst wählen zu können. So haben viele bekannte Naturwissenschaftler als Studenten vermeintlich heterogenes Wissen aufnehmen und später fruchtbar verbinden können. S. Mendelssohn, K.: The world of Walter Nernst. The rise and fall of German science. London 1973.
72 Layton 1971, S. 561 (s. Anm. 39).
73 Vgl. dazu Troitzsch, Ulrich: Zum Stande der Forschung über Jacob Leupold (1674–1727) in: Technikgeschichte 42, 1975, S. 263–286. Das Problem der Reibung war bei Leupold wie bei Bélidor bei der Übertragung kleiner Modelle in große Maschinen ungelöst.
74 S. dazu Henning 1976 (s. Anm. 34).
75 S. Manegold, Karl Heinz: Das Verhältnis von Naturwissenschaft und Technik im Spiegel der Wissenschaftsorganisation im 19. Jh. in: Technikgeschichte in Einzeldarstellungen 11, Düsseldorf 1968, S. 141–187; Weingart 1976, S. 125 (s. Anm. 30); s. Eichberg 1974, S. 141 ff. (s. Anm. 50).

5. Innere Logik der technischen Entwicklung

Schon im Zusammenhang mit den traditionalen Elementen der Konstruktionswissenschaft war die Frage nach der sogenannten inneren Logik [76] der Technik angesprochen worden. Sie stellt sich immer stärker, je weiter wir uns der Gegenwart nähern und je intensiver wir uns technischen Einzelproblemen zuwenden. Wie oben nachgewiesen, erkennt die Mehrheit der sich um das Thema Technik und Gesellschaft bemühenden Autoren eine relative Eigenständigkeit technischer Entwicklungen an; Daumas [77] und B. Gille [78] weisen besonders auf diesen Tatbestand hin. Bei marxistisch argumentierenden Wissenschaftlern nimmt sie eine hervorragende Rolle ein [79]. Beispiele lassen sich besonders gut in den Reifungsprozessen bestimmter Rohstoffverwertungs- (-aufschließungs-) oder Energieerzeugungs-Technologien finden, so die wachsende Energieausbeute bei Wärmekraftmaschinen oder Kraftwerken, bei der nahezu exponentiell steigenden Zunahme des elektrischen Stromverbrauchs wie bei allen material- und energiesparenden technischen Weiterentwicklungen [80]. Vor allem die technisch-ökonomischen Maximen Rotation und Kontinuität spielen in der Produktion eine überwältigende Rolle. Neben die technischen Entwicklungslinien treten aber vor allem auch ökonomische, auch billigere bzw. rentablere Produktionen. Gerade an solchen Unternehmerpersönlichkeiten wie Jacob Mayer („Erfinder" des Stahlformgusses) oder Alfred Krupp („Nacherfinder" des Gußstahls) ist nachzuweisen, daß beide Entwicklungen durchaus nicht immer in dieselbe Richtung gelaufen sind, zum großen Schaden der Unternehmer. Die Erkenntnis, daß ein Betrieb, will er auf Dauer bestehen, nur solche Pfade verfolgen kann, bei denen technische und ökonomische Leitlinien gleichzeitig in Richtung Produktivität und Effektivität drängen, läßt die Möglichkeit zu, daß die technische Entwicklung großer Firmen davon maßgeblich beeinflußt ist und erklärt möglicherweise zu einem Teil, warum die Innovationsfreudigkeit großer Firmen gelegentlich relativ gering ist [81].

Wir kommen diesem ganz unbefriedigend gelösten Fragenkreis auf die Spur, wenn wir, ähnlich wie bei den „Erfinder"-Biographien, auch über eine größere Anzahl von „Verbesserer"-Biographien verfügen, mit deren

---

76 Zu Ostwald s. Sommer 1929, S. 12 (Anm. 29).
77 Daumas 1969 (s. Anm. 7).
78 Gille 1972 (s. Anm. 7).
79 Kraus 1968 (s. Anm. 11).
80 Sommer 1929 (s. Anm. 28); Mackensen, Ludolf von: Tatsachen des technologischen Wandels, in: Sozialer Wandel, Bd. 1, Hg. Th. Hauf u. a. Frankfurt/Main 1975, S. 130—151.
81 Diese Argumentation gilt nur für Firmen ohne Verkaufs- oder Produktionsmonopol.

Hilfe dann der Prozeßcharakter von Innovationen besser untersucht werden kann. Dann wird auch leichter geklärt werden können, ob nicht, wie bei Basisinnovationen, bestimmte alternative technische Entwicklungen möglich gewesen wären[82]. Wir möchten noch darauf hinweisen, daß mit der Untersuchung über Basisinnovationen und Verbesserungsinnovationen ein Problem thematisiert ist, das sich parallel und in engem wissenschaftlichen Zusammenhang auch in der Wissenschaftsgeschichte hinter der Untersuchung von Paradigmawechsel und Plateau verbirgt[83].

Einen deutlichen Hinweis auf alternative technische Möglichkeiten hat die Diskussion um den verstärkten Umweltschutz geliefert. Vor allem in der Diffusionsphase einer Innovation ist eine sehr starke horizontale Verflechtung technischer und wirtschaftlicher Elemente zu erkennen, die bislang zu wenig beachtet wurde. Hierauf hat vor allem Rosenberg[84] hingewiesen. Auch ist die Realisierung, vor allem die schnelle Realisierung bestimmter Erfindungen erst dann möglich, wenn die dafür benötigten Werkstoffe, die Werkzeugmaschinen oder technischen Fertigkeiten vorhanden sind. Die Kapitalgüterindustrie muß entsprechend entwickelt sein, sonst kann auch eine ökonomisch eigentlich sinnvolle Entwicklung nicht in Gang gesetzt werden.

Technikhistorie scheint angesichts des zukunftsgerichteten Charakters technischen Handelns für Historiker ein schwieriger Fall zu sein. So hielt auch Wilhelm von Ostwald[85] seinerzeit die Technikhistorie allenfalls für die Prognostik verwertbar. Geschichtswissenschaft erlaubt aber wegen ihres komplexeren Ansatzes eine volle Betrachtung der Realität einschließlich der Technik und ihrer Wechselbeziehungen zu Politikwissenschaft, Religion usw. und trägt so zur Gewinnung eines Handlungsfreiraumes bei, auch für Ingenieure und Konsumenten[86]. In diesem unterschiedlichen Anspruch können Historie wie Technik als Hilfsmittel zur Bewältigung der Zukunft gesehen werden.

---

82 Zur andauernden Verbesserung der elektrischen Ausstattung eines Unternehmens s. Colshorn, Carl Hermann: Übergang von Dampf auf Elektrizität als Antriebskraft bei der Ilseder Hütte, in: Archiv und Wirtschaft 9, 1976, S. 78—83.
83 Weizsäcker, Carl Friedrich von: Wissenschaftsgeschichte als Wissenschaftstheorie, in: Wirtschaft und Wissenschaft 22, 1974 (Sonderheft). Zu den möglichen Formen der Übertragung bestimmter technologischer Paradigmen auf andere Bereiche s. Johnston 1972 (s. Anm. 70).
84 Rosenberg, Nathan: Factors affecting the diffusion of technology, in: Explorations in Economic History 10, 1972, S. 3—34.
85 Ostwald 1929 (s. Anm. 26).
86 Vgl. den Titel der Referatszusammenfassung auf der DVT-Jahresversammlung „Technikgeschichte. Voraussetzung für Forschung und Planung in der Industriegesellschaft" Düsseldorf 1972.

Ausblick

Für die dauerhafte Begründung einer Disziplin Technikhistorie wäre viel gewonnen, wenn der nun schon über vierzig Jahre zurückliegende Vorschlag Lucien Febvres[87] für eine umfassende Technikhistorie auch zu einer Technikgeschichte für Deutschland, also an konkretem, historischen Material, führen würde. Eine solche Arbeit müßte eher der amerikanischen Arbeit von Pursell und Kranzberg als der englischen von Singer oder der französischen von Daumas folgen und eher von heute zurück als aus der Vergangenheit nach vorn blicken. Sie sollte aber durch Aufnahme verschiedener Methoden[88] und damit gegenstands- wie wissenschaftsadäquat in zwangsläufig interdisziplinärer Zusammenarbeit ein breites und verläßliches Gerüst für die zukünftige Forschung bei der Aufzeigung vieler und vielfältiger Wechselbeziehungen zwischen Technik und anderen individuellen wie gesellschaftlichen Handlungsbereichen bilden.

---

87 Febvre, Lucien: Réflections sur l'histoire des techniques, in: Annales d'histoire économique et sociale 7, 1935, S. 531–535. Zum Stand der Vorbereitungen einer deutschen Geschichte der Produktivkräfte in der DDR s. Richter, S.: Fünfte Jahrestagung des interdisziplinären Arbeitskreises Geschichte der Produktivkräfte, in: Jb. f. Wirtschaftsgeschichte 1974, Teil 3, S. 311–319.
88 Lenk 1976, S. 40 ff. (s. Anm. 12).

Studien zur Naturwissenschaft, Technik und Wirtschaft
im Neunzehnten Jahrhundert

Herausgegeben von Wilhelm Treue
„Neunzehntes Jahrhundert"
Forschungsunternehmen der Fritz Thyssen Stiftung

1. Lothar Burchardt · Wissenschaftspolitik im Wilhelminischen Deutschland. Vorgeschichte, Gründung und Aufbau der Kaiser-Wilhelm-Gesellschaft zur Förderung der Wissenschaften, 1974. 158 Seiten, kartoniert

2./3. Wilhelm Treue / Kurt Mauel (Hrsg.) · Naturwissenschaft, Technik und Wirtschaft im 19. Jahrhundert. Acht Gespräche der Georg-Agricola-Gesellschaft zur Förderung der Geschichte der Naturwissenschaften und der Technik. 1976. Zus. 974 Seiten mit 109 Abbildungen und zahlreichen Tabellen, kartoniert

4. Evelyn Kroker · Die Weltausstellung im 19. Jahrhundert. Industrieller Leistungsnachweis, Konkurrenzverhalten und Kommunikationsfunktion unter Berücksichtigung der Montanindustrie des Ruhrgebietes zwischen 1851 und 1880. 1975. 248 Seiten, kartoniert

5. Alfred Heggen · Erfindungsschutz und Industrialisierung in Preußen 1793–1877. 1975. 178 Seiten, kartoniert

6. Wolfgang Weber · Innovationen im frühindustriellen deutschen Bergbau und Hüttenwesen. (Friedrich Anton von Heynitz) 1976. 309 Seiten und 1 Klapptafel, kartoniert

7. Walter Steitz · Feudalwesen und Staatssteuersystem. Band 1: Die Realbesteuerung der Landwirtschaft in den süddeutschen Staaten im 19. Jahrhundert. 297 Seiten mit zahlreichen Tabellen, kartoniert

8. Rainer Stahlschmidt · Quellen und Fragestellungen einer deutschen Technikgeschichte des frühen 20. Jahrhunderts bis 1945. 1977. 145 Seiten, kartoniert

Vandenhoeck & Ruprecht
in Göttingen und Zürich

Studien zum Wandel von Gesellschaft und Bildung im Neunzehnten Jahrhundert

Herausgegeben von Otto Neuloh und Walter Rüegg
„Neunzehntes Jahrhundert"
Forschungsunternehmen der Fritz Thyssen Stiftung

3. Hans J. Teuteberg / Günther Wiegelmann
    Der Wandel der Nahrungsgewohnheiten unter dem Einfluß der Industrialisierung
    1972. 418 Seiten mit 12 Kunstdrucktafeln, zahlreichen Tabellen und Karten, Leinen

10. Adolf Noll
    Sozio-ökonomischer Strukturwandel des Handwerks in der 2. Phase der Industrialisierung
    1975. 386 Seiten mit zahlreichen Tabellen und 9 Graphiken, Leinen

13. Hermann Freudenberger / Gerhard Mensch
    Von der Provinzstadt zur Industrieregion (Brünn-Studie)
    Ein Beitrag zur Politökonomie der Sozialinnovation, dargestellt am Innovationsschub der industriellen Revolution im Raum Brünn.
    1975. 130 Seiten mit 7 Abbildungen und 12 Tabellen, Leinen

14. Frank R. Pfetsch (Hrsg.)
    Innovationsforschung als multidisziplinäre Aufgabe
    Beiträge zur Theorie und Wirklichkeit von Innovationen im 19. Jahrhundert.
    Mit Beiträgen von Rainald von Gizycki, Friedrich-Wilhelm Henning, Ayse Kudat, Frank R. Pfetsch, Franz Ronneberger, Ulrich Troitzsch, Dieter Walz, Wolfhard Weber.
    1975. 241 Seiten, Leinen

Vandenhoeck & Ruprecht
in Göttingen und Zürich